U0148759

Spurt Beauty Life   From The KOKOLALA

可乐宣传海报 P41

ONE TWO 酒吧 Party 革命
吃喝玩乐总动员!

12月12日,
123 酒吧伟大开张!

潮流来袭,你绝对无法置身事外!

招聘

酒吧开业海报设计 P47

烈焰女郎照片合成 P9

唯树葡萄
ONLY TREE
MELLOW WINE

百年

2005

专业照片修饰与润色/P75

宠物小屋照片精修/P83

天路国际会馆宣传广告设计/P35

天路國際會館　商務辦公優越感

绽放,
一个阶层的荣耀!

BLOOMING
A SOCIAL STRATUM GLORY

Tel: 010-84966159 888888

city hall

15 February 2008
to 15 January 2009

HARMONIZE ENTHUSIASM

ME ARDENTLY LOVE MUSIC
HAPPY EXUBERANCE ACTIVE
FORM
ENTHUSIASM'S MUSIC

$150 general
ellas gratis de 10:00 a 12:00
city hall

个人音乐会宣传招贴/P53

美人鱼照片合成/P97

糖果包装袋设计/P170

人物头像精修处理/P70

"信"希望

大运会期间一畅电信提供赛场内免费

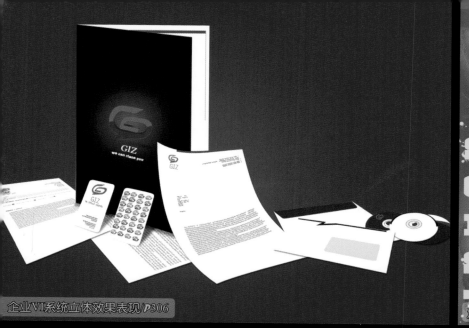

企业VI系统立体效果表现/P306

INSPIRATION FOR YOUR MIND

波普艺术海报设计/P127

带你去纽约HI舞

NEWYORK
DISSCO,CLUB

84967428

Welcome !

廊宇宣传招贴/P131

"绿色" ——我们不止只做表面功夫！

穿行天地之间广告设计/P5

KEL
TIRES 克莱特斯

peppery

天达美味 好而不贵

非常的麻

非常的辣

更多流行 更多时尚
More prevail More fashions

全场商品

夏装清仓

活动日期 2009.9.2三 >>> 9.13日

2折起

運動会海报设计/P112

龙虎斗游戏网站页面设计/P251

玫瑰情缘主题婚纱设计/P219

iT poper

www.dzwh.com.cn

光滑透视标识设计/P279

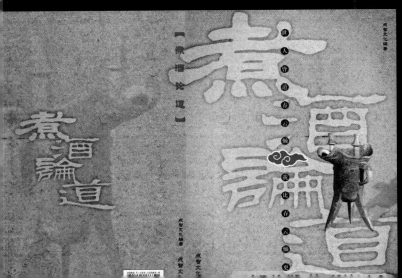

Photoshop CS4 平面设计

悦图文化 编著

专家解析

华中科技大学出版社
WWW.HUSTP.COM

中国·武汉

图书在版编自（CIP）数据

Photoshop CS4平面设计专家解析 / 悦图文化 编著.——武汉：华中科技大学出版社，2010年1月

ISBN 978-7-5609-5729-6

I. P… II. 悦… III. 图形软件，Photoshop CS4 IV. TP391.41

中国版本图书馆CIP数据核字（2009）第182178号

Photoshop CS4平面设计专家解析　　　　　　　　　悦图文化 编著

策划编辑：杨志锋 杜月朋

责任编辑：姜　茜

封面设计：点智文化

责任监印：熊庆玉

责任校对：周　娟

出版发行：华中科技大学出版社（中国·武汉）

地　　址：武昌喻家山

邮政编码：430074

电　　话：027-87556096　010-64155588-8005，8006

网　　址：http://www.hustp.com

印　　刷：湖北新华印务有限公司

开　　本：787mm×1092mm　1/16

印　　张：20.5

插　　页：6

字　　数：400 000

版　　次：2010年1月第1版

印　　次：2010年1月第1次印刷

定　　价：69.80元　（含DVD光盘1张）

ISBN 978-7-5609-5729-6 / TP·710

（本书若有印装质量问题，请向出版社发行部调换）

Preface 前言

编写本书的目的

Photoshop是平面设计中最为重要的软件之一，其应用领域涉及了广告、海报、封面、包装、界面、标志、影楼后期及图片精修等多个领域，本书就是针对这些常见的应用领域，以最核心的设计理论知识作为引导，以40个典型的案例作为实战，讲解其中常用的技法与设计理念。

如前所述，Photoshop的应用领域难以计数，所以想要在一本图书中进行完整讲解，无异于天方夜谭。即使本书挑取了最为精华的部分进行讲解，也难以一一尽述，所以本书的目的在于通过理论+实例相结合的方式，再配合书中对于设计理念及软件技术的讲解，起到抛砖引玉的作用，让读者能够掌握一定的设计方法，又能够锻炼软件的操作技术。

购买本书的理由

相较于市场中的同类图书，本书具有以下特色。

- 近10万字的图文解析：本书所有的实例前面都配有图文并茂的解析文字，从作品的基本信息、设计流程及制作方法等方面，详尽记录了设计过程中的思路和思考问题的角度等，以帮助读者了解一个优秀作品诞生的过程，这对读者以后自己的实际工作，有很大的作用。
- 9项领域的核心设计理论：为帮助读者了解各行业的设计知识，笔者在每章学习实例之前，讲解了一些最常用、最经精华的内容，希望读者能够充分理解并掌握这些知识，并在日后的实际工作过程中灵活运用。
- 4.3G大容量DVD光盘：本书附赠一张DVD光盘，其内容主要包含案例素材及设计素材2部分，其中案例素材包含了完整的案例及素材源文件，读者除了使用它们配合图书中的讲解进行学习外，也可以直接将之应用于商业作品中，以提高作品的质量；另外，光盘还附送了大量的纹理、画笔及设计PSD等素材，可以帮助读者在设计过程中，更好更快地完成设计工作。
- 200多分钟多媒体视频教学：笔者委托专业讲师，针对本书中的典型案例，录制了多媒体视频教学课件，如果在学习中遇到问题可以通过观看这些多媒体视频解释疑惑，提高学习效率。

声明：本书光盘中的所在素材图像仅允许本书的购买者使用，不得销售、网络共享或做其他商业用途。

学习时的一些建议

读者在学习本书的过程中，可以按照书中给出的参数进行设置，但在以后的练习与工作过程中，一定要跳出旧有框架，因为不同的处理对象，必然需要设置不同的参数，甚至使用不同的功能进行处理，绝不能一概而论。

通过本书的学习，读者除了可以在很大程度上练习Photoshop软件技术外，更重要的是可学习各种特效、合成与视觉表现形式，并思考在这些案例中，是如何将这些形式应用于商业设计作品中的。只有掌握了这些，才达到了本书"授人以渔"的教学目的，对读者而言，这才是提高自身能力的关键！

学习本书的软件前提

在编写本书的过程中，笔者所使用的软件是Photoshop CS4中文版，操作系统为Windows XP SP2，因此希望各位读者能够与笔者统一起来，以避免可能在学习中遇到障碍。由于Photoshop软件具有向下兼容的特性，因此如果各位读者使用的是Photoshop CS3或早期版本，也能够使用本书学习，只是在局部操作方面可能略有差异。这一点希望引起各位读者的关注。

感谢大家的奉献与对本书的帮助

本书是集体劳动的结晶，参与本书编著的包括以下人员：雷剑、吴腾飞、雷波、左福、范玉婵、刘志伟、李美、邓冰峰、詹曼雪、黄正、孙美娜、邢海杰、刘小松、陈红艳、徐克沛、吴晴、李洪泽、漠然、李亚洲、佟晓旭、江海艳、董文杰、张来勤、刘星龙、边艳蕊、马俊南、姜玉双、李敏、邰琳琳、卢金凤、李静、肖辉、寿鹏程、管亮、马牧阳、杨冲、张奇、陈志新、刘星龙、孙雅丽、孟祥印、李倪、潘陈锡、姚天亮等。

限于水平与时间，本书在操作步骤、效果及表述方面定然存在不少不尽如人意之处，希望各位读者来信指正，笔者的邮件是Lbuser@126.com。

笔者

2009.11.4

目 录
Content

Contents

目 录 Conten

目录

Contents

Photoshop CS4平面设计专家解析

|第1章|

平面广告

1.1 广告设计概述

广告设计是Photoshop应用最广泛的领域之一，大凡我们在报纸、杂志、户外的展板、地铁的灯箱上看到的静态广告均出现于不同的平面设计师之手。图1.1所示为几个优秀的平面广告作品。

图1.1 优秀平面广告作品欣赏

1.1.1 广告设计元素

无论在哪类广告设计中，都少不了必要的构成要素，这些元素通常由商品名、商标、插图、文案等组合而成，下面分别进行介绍。

● 插图：图形与音乐一样都是能够跨越文化、地域、民族的国际化语言，在当前越来越国际的城市化浪潮中，广告图形成为越来越重要的创意语言。它可以是具象的，也可以是抽象的、装饰性的或漫画性的，无论采用哪一种，都要根据广告的内容和主题来选择适当的图形。为了取得更有震撼性的视觉效果，也有许多广告采用电脑合成图像作为广告的主体图形，如图1.2所示。

图1.2 以图像为主的广告

● **商标**：一般地，在广告中都应该出现企业的标志或产品的商标，因为在广告中企业的标志与产品的商标并不是一个单纯的装饰物，它具有在短时间内使广告轻松、容易地被识别的作用。

● **标题**：如果广告创意是广告内在的"魂"，那么广告的标题就是广告外部的"神"，是广告中最重要的构成要素之一。广告标题，类似于乐章里的高潮部分，诗歌中的诗眼，绘画中点睛妙笔一样，其最重要的作用就是使消费者更容易地了解广告、记住广告。广告标题贵在精僻，要言简意赅，言有限而意无穷。正如人们常说的"题好文一半"、"题高文则深"，许多成功的广告设计作品，往往由于一句好的标题而成功。图1.3所示的广告属于此类。

图1.3 标题成功的广告

● **标语**：广告标语是一种较长时期内反复使用的特定用语，其主要任务就是宣传鼓动，吸引读者注意，加强商品印象。好的广告标语，能够给人留下深刻的印象，使人一听到或看到广告标语就联想起商品或广告内容，就像是语言类型的商标。广告标语与广告标题不尽相同，广告标语必须是完整的句子，具有一定的含义，能够引发人的联想，而且在同一产品的多个广告中不会发生变化。

● **广告正文文案**：广告正文文案包括各类厂家或商品的说明文、生产厂家名称、地址和销售单位名称地址等。其中，说明文是广告正文文案的主要内容，其要求是以尽量少的词汇传递尽可能多信息。除了正文方案的写作，正文的编排也要有艺术感。许多广告感觉起来商业感不强烈，其很大原因就是编排较差。图1.4所示的广告在正文文案的编排方面较为出色。

图1.4 优秀编排广告

1.1.2 平面广告与广告图片

　　图片是平面广告中不可缺少的设计元素，而Photoshop在广告设计制作中最大的作用就是为广告制作优秀并且合适的广告图片，但许多设计师不了解应该在广告中使用怎样的图片。下面将介绍广告中使用图片应该注意的一些问题，相信这些介绍，有助于设计人员提高自己在广告中运用图片的能力。

- 图片的大小：使用大而醒目图片的广告，比组合使用数张小图片的广告，更能够吸引读者。当然，大的图片必须要能够引发读者美的联想、引人入胜，一张大幅的糟糕图片只会使一个广告更乏味，因此如果没有优秀的大图片，只能退而求其次，通过构图等方面的设计手段，组合使用一些小的图片。

- 图片的类型：图片的类型对于读者而言很重要，因为不同类型、年龄、性别的读者对图片的类型喜好程度不同，年轻男孩更喜欢又炫又酷的视觉图片，年轻女孩更喜欢清新、雅致、可爱、唯美的视觉图片，中年人更喜欢真实的照片。因此，采用何种图片的类型，是照片、插画、合成图还是漫画，需要设计师认真考虑。图1.5所示是使用不同风格的图片时的效果。

图1.5 使用不同插图的广告

- 图片的完整性：图片的完整性也很重要，因为看广告不是猜谜，没有必要挑战读者的智商。如果图片不完整，是一个局部特写，可以在广告某一部分放置完整的图片或确保这样的局部，也能够使读者联想到全局。

- 图片的故事性：使用富有故事性的图片更容易打动读者，这样的图片使读者在潜意识中希望了解"这是怎么回事"、"怎么会这样"，从而使其继续阅读广告的文案。但这种故事性不能够隐藏太深，以至于大多数读者只见树木不见森林，否则会使他们更快放弃阅读。因此，不能够与读者在这方面猜谜。图1.6所示是带有情节的广告图片。

图1.6 带有情节的广告图片

● 图片的新闻性：新闻性的图片关键在于是不是具有新闻性，例如，狗咬人不是新闻，人咬狗才是新闻。新闻性图片必须具有真实性，而不是一张合成照片，这种真实性会消除大多数读者对广告的抵触情绪。新闻中的秘闻也对广告销售很有促进，例如一张放大显示两国元首在签署文件时使用的钢笔的照片，这样看上去有些八卦的照片，但实际上很能迎合一部分人的心理期待与满足。

● 图片的示范性：表现如何使用产品的有力方法就是让读者看着摆在眼前的广告，当场亲自动手示范产品用法，这种方法是安利等产品的销售中最常采用的一种。如果不能现场示范，广告中真实的照片也能够打消一部分人的顾虑。此外，广告中照片的"视觉化对比"效应，也是有力的方法之一，这也是美容、减肥类产品最常使用的设计手法之一，即采用并排对比的照片显示出使用广告产品前及使用后的差别。图1.7所示是具有此类图片特效的广告作品。

图1.7 具有示范性的广告

● 图片的触动性：循规蹈矩的常规图片，根本不能够在信息爆炸的今天吸引读者的眼球，这样的图片会使读者感觉到广告像白开水。只有通过奇特的角度，将常见的事物组合成为不同的视觉作品，或者通过电脑制作展示只存于人们想像中的事物，才能够引人注目。

1.2 穿行天地之间广告设计

❯基本信息 ////////////////////////////

学习难度： ★★★★★

主要技术： 画笔绘图、绘制路径、图层蒙版、剪贴蒙版、调整图层、图层样式

图层数量： 77

通道数量： 0

路径数量： 0

➤设计解析

　　本例是以穿行天地之间为主题的广告设计作品。在制作的过程中，主要以制作螺旋式的环行路面为核心内容，形同陀螺世界，然后由陀螺的一侧引出一道公路，此时，一辆豪华、别致的汽车穿行在天地之间，呼应主题。

➤设计流程解析

　　用图1.8所示的流程图对制作过程进行了示意，并在下面分别解析各个制作步骤。

螺旋图像　　　　　　　　　云彩与色调　　　　　　　汽车、道路及文字

图1.8 设计流程示意图

|螺旋图像|

　　螺旋图像是本广告的主体图像，单从结构上看，该图像的制作显得特别复杂，让人找不出头绪，但实际上，我们可以以每一环图像为结构将其拆分开来。这样就不难看出，每一环的组成就是"环形道路+城市俯视图"。了解其组成的本质后，就可以按照整体椭圆形的构图形式，结合Photoshop中的蒙版、调整图层等功能对图像进行融合处理，再使用画笔工具✐绘制各部分之间的阴影即可。

　　另外，在制作时尤其要注意各部分之间的透视关系，各部分的透视保持在一定的容差范围内，以避免因此而导致整个图像看起来不够真实，进而失去图像的说服力。

|云彩与色调|

　　本例的场景建立在天空的基础上，因此对于云彩的表现自然就是必不可少的一项工作，为了让螺旋图像与天空融合在一起，最直接也最典型的方法就是让云彩对螺旋图像有一些遮盖效果。

　　在本例的制作过程中，采用了一个特殊的云彩画笔，结合变换功能绘制得到不同的云彩图像，并与螺旋图像交叠在一起，使整体看来浑然一体。

|汽车、道路及文字|

　　前面制作的是广告的主体图像，但实际上，真正表达广告含义的，却是从城市中飞驰而出的汽车，配合广告语文字来理解，即远离城市的喧嚣，驾驶绿色的汽车，去亲近真正的绿色与自然。

　　在制作过程中，道路图像是模拟的重点，主要是结合绘制图形与相关的纹理图像，模拟从城市中延伸而出的道路，同时应注意道路与城市之间相交的位置，要保持在透视方面的统一、协调。

❯操作步骤 ///

① 打开随书所附光盘中的文件"第1章\1.2-素材1.psd",如图1.9所示。将其作为本例的背景图像。

> | 提示 | 下面制作素材图像,结合"阴影/高光"命令、路径、图层蒙版以及"色相/饱和度"调整图层等,制作螺旋路的顶层图像。

② 打开随书所附光盘中的文件"第1章\1.2-素材2.psd",使用移动工具 🕂 将其拖至上一步打开的文件中,得到"图层1"。按Ctrl+T键调出自由变换控制框,在控制框内单击右键,在弹出的菜单中选择"水平翻转"命令,按Shift键向内拖动控制句柄以缩小图像、顺时针旋转角度及移动位置,按Enter键确认操作。得到的效果如图1.10所示。

图1.9 素材图像

图1.10 调整图像

③ 选择"图像"→"调整"→"阴影/高光"命令,设置弹出的对话框(如图1.11所示),单击"确定"按钮退出对话框,得到如图1.12所示的效果。

图1.11 "阴影/高光"对话框

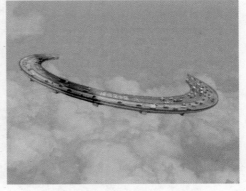

图1.12 应用"阴影/高光"后的效果

④ 打开随书所附光盘中的文件"第1章\1.2-素材3.psd",按Shift键使用移动工具 🕂 将其拖至上一步制作的文件中,得到的效果如图1.13所示,同时得到"图层2"。

⑤ 选择"背景"图层作为当前的工作层,打开随书所附光盘中的文件"第1章\1.2-素材4.psd",使用移动工具 🕂 将其拖至上一步打开的文件中,得到"图层3"。利用自由变换控制框调整图像的大小及位置,得到的效果如图1.14所示。

图1.13 拖入素材　　　　　　　　　　图1.14 调整素材图像的大小及位置

⑥ 选择钢笔工具 ，在工具选项条上单击路径按钮 ，在建筑图像的上方绘制如图1.15所示路径，按Ctrl+Enter键将路径转换为选区，单击添加图层蒙版按钮 为"图层3"添加蒙版，得到的效果如图1.16所示。

图1.15 在建筑的上方绘制路径　　　　图1.16 将选区以外的图像隐藏

⑦ 单击创建新的填充或调整图层按钮 ，在弹出的菜单中选择"色相/饱和度"命令，得到图层"色相/饱和度1"，按Ctrl+Alt+G键执行"创建剪贴蒙版"操作，设置弹出的面板（如图1.17所示），得到如图1.18所示的效果。"图层"面板如图1.19所示。

图1.17 "色相/饱和度"面板　　图1.18 调色后的效果　　　图1.19 "图层"面板

| **提示** | 本步骤中为了方便图层的管理，在此将制作螺旋路顶层的图层选中，按Ctrl+G键执行"图层编组"操作得到"组1"，并将其重命名为"顶层"。在下面的操作中，笔者也对各部分进行了编组的操作，在步骤中不再叙述。下面制作二环螺旋路。

⑧ 选择"背景"图层作为当前的工作层，再次打开随书所附光盘中的文件"第1章\1.2-素材2.psd"，结合移动工具 🔩 及变换功能制作二环路，如图1.20所示。同时得到"图层4"。

⑨ 单击创建新的填充或调整图层按钮 🌓，在弹出的菜单中选择"亮度/对比度"命令，得到图层"亮度/对比度1"，按Ctrl+Alt+G键执行"创建剪贴蒙版"操作，设置弹出的面板（如图1.21所示），得到如图1.22所示的效果。

图1.20 调整素材图像　　　图1.21 "亮度/对比度"　图1.22 应用"亮度/对比度"后的效果
　　　　　　　　　　　　　　　面板

⑩ 打开随书所附光盘中的文件"第1章\1.2-素材5.psd"，按Shift键使用移动工具 🔩 将其拖至上一步制作的文件中，得到"图层5"，将其拖至"图层4"下方，得到的效果如图1.23所示。

⑪ 单击添加图层蒙版按钮 ▣ 为"图层4"添加蒙版，设置前景色为黑色，选择画笔工具 🖌️，在其工具选项条中设置适当的画笔大小及不透明度，在图层蒙版中进行涂抹，以将内侧的路面隐藏起来，直至得到如图1.24所示的效果。

图1.23 拖入素材图像　　　　　　　　　　图1.24 隐藏内侧的路面

⑫ 选择"图层5"作为当前的工作层，打开随书所附光盘中的文件"第1章\1.2-素材6.psd"，使用移动工具 🔩 将其拖至上一步制作的文件中，并置于红色建筑的右侧，如图1.25所示。同时得到"图层6"。复制"图层6"得到"图层6副本"，使用移动工具 🔩 向下移动位置，得到的效果如图1.26所示。

图1.25 摆放素材图像的位置

图1.26 复制及移动图像

⑬ 结合复制图层以及图层蒙版等功能，添加左侧的建筑图像，如图1.27所示。同时得到"图层6副本2"。

⑭ 选择"图层5"作为当前的工作层，新建"图层7"，设置此图层的混合模式为"正片叠底"，设置前景色为黑色，选择画笔工具 ✐，在其工具选项条中设置适当的画笔大小及不透明度，在顶层路面的下方以及二环左内侧进行涂抹，直至得到如图1.28所示的效果。如图1.29所示为单独显示本步骤的图像状态。"图层"面板如图1.30所示。

图1.27 制作左侧的建筑图像

图1.28 涂抹后的效果

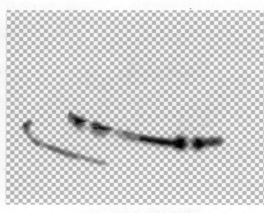

图1.29 单独显示图像状态

▶ | 提示 | 至此，二环的路面及建筑已基本制作完成。下面制作整体的螺旋路效果。

⑮ 打开随书所附光盘中的文件"第1章\1.2-素材7.psd"，按Shift键使用移动工具 ⊕ 将其拖至上一步制作的文件中，得到组"3"~组"6"，并将得到的组拖至组"2"下方，得到的效果如图1.31所示。"图层"面板如图1.32所示。

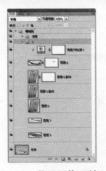

图1.30 "图层"面板1　　　　图1.31 拖入素材图像　　　　图1.32 "图层"面板2

| 提示 | 本步骤中笔者是以组的形式给出素材的，由于其操作非常简单，且在前面的步骤中均已介绍过，读者可以参考最终效果源文件进行参数设置，展开组即可观看到操作的过程。

⑯ 选择"图层4"蒙版缩览图，设置前景色为黑色，选择画笔工具🖊，在其工具选项条中设置适当的画笔大小及不透明度，在图层蒙版中进行涂抹，将右侧的路面外侧的部分图像隐藏起来，以显示出下方的建筑，如图1.33所示。局部效果如图1.34所示。

图1.33 编辑蒙版后的效果　　　　　　　　图1.34 局部效果

| 提示 | 至此，螺旋路已制作完成。下面制作云彩图像。

⑰ 在所有图层上方新建"图层30"，设置前景色为白色，打开随书所附光盘中的文件"第1章\1.2-素材8.abr"，选择画笔工具🖊，在画布中单击右键，在弹出的画笔显示框选择刚刚打开的画笔，在螺旋路的下方进行涂抹，得到的效果如图1.35所示。

⑱ 复制"图层30"3次，利用自由变换控制框调整图像的大小及位置（螺旋路的两侧以及画布的左下方），得到的效果如图1.36所示。同时得到组"云"。

图1.35 在螺旋路的下方涂抹　　　　　　图1.36 复制及调整图像

⑲ 结合"曲线"以及"色相/饱和度"调整图层整体图像的亮度以及色彩属性,得到的效果
如图1.37所示。"图层"面板如图1.38所示。

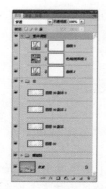

图1.37 调整图像属性　　　　　　　　图1.38 "图层"面板

> | 提示 | 本步骤中设置了"曲线3"的不透明度为65%;另外,关于调整图层面板中的参数设
> 置请参考最终效果源文件。下面制作公路。

⑳ 选择钢笔工具 ,在工具选项条上
单击路径按钮 ,在画布的左下方绘
制如图1.39所示的路径。单击创建新
的填充或调整图层按钮 ,在弹出
的菜单中选择"渐变"命令,设置弹
出的对话框(如图1.40所示),单击
"确定"按钮退出对话框,隐藏路径
后的效果如图1.41所示,同时得到图
层"渐变填充1"。

图1.39 在画布的左下方绘制路径

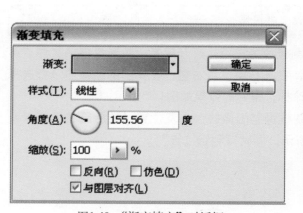

图1.40 "渐变填充"对话框

图1.41 应用"渐变填充"后的效果

> | 提示 | 在"渐变填充"对话框中,渐变类型为"从b4c5cd到7d8487"。

㉑ 打开随书所附光盘中的文件"第1章\1.2-素材9.psd",使用移动工具 将其拖至上一步
打开的文件中,得到"图层31"。在此图层的名称上单击右键,在弹出的菜单中选择
"转换为智能对象"命令,从而将其转换成为智能对象图层。

> | 提示 | 转换成智能对象图层的目的是，在后面将对"图层31"图层中的图像进行扭曲操作，而智能对象图层则可以记录下所有的扭曲参数，以便于进行反复的调整。

㉒ 按Ctrl+T键调出自由变换控制框，在控制框内单击右键，在弹出的菜单中选择"扭曲"命令，拖动各个角的控制句柄使图像扭曲，状态如图1.42所示。按Enter键确认操作。按Ctrl+Alt+G键执行"创建剪贴蒙版"操作，设置"图层31"的混合模式为"柔光"，以混合图像，得到的效果如图1.43所示。

图1.42 变换状态　　　　　　　　　　　　图1.43 设置混合模式后的效果

㉓ 单击创建新的填充或调整图层按钮 ，在弹出的菜单中选择"亮度/对比度"命令，得到图层"亮度/对比度7"，按Ctrl+Alt+G键执行"创建剪贴蒙版"操作，在弹出的面板中设置参数，得到如图1.44所示的效果。

㉔ 设置前景色为90969b，选择钢笔工具 ，在工具选项条上单击形状图层按钮 ，在路面的右侧绘制如图1.45所示的形状，得到"形状1"。

图1.44 应用"亮度/对比度"后的效果　　　　　图1.45 绘制形状

> | 提示 | 下面结合形状工具以及图层样式等功能，制作立体感的路面。

㉕ 单击添加图层样式按钮 fx ，在弹出的菜单中选择"斜面和浮雕"命令，设置弹出的对话框（如图1.46所示），得到的效果如图1.47所示。

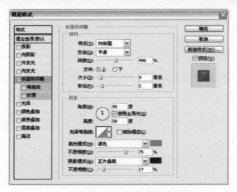

图1.46 "斜面和浮雕"对话框

图1.47 添加图层样式后的效果

| 提示 | 在"斜面和浮雕"对话框中,"高光模式"后颜色块的颜色值为78848e;"阴影模式"后颜色块的颜色值为231f20。

㉖ 结合形状工具、"斜面和浮雕"图层样式以及复制图层等功能,完善路面右侧的立体感,如图1.48所示。

| 提示 | 本步骤中关于"斜面和浮雕"对话框中的参数设置请参考最终效果源文件,设置了"图层31副本"的混合模式为"亮光",不透明度为60%。另外,在制作的过程中,还需要注意各个图层间的顺序。下面制作车、小陀螺、云以及文字图像,完成制作。

图1.48 制作立体效果

㉗ 选择组"公路",打开随书所附光盘中的文件"第1章\1.2-素材10.psd",按Shift键使用移动工具 将其拖至上一步制作的文件中,得到的最终效果如图1.49所示。"图层"面板如图1.50所示。

图1.49 最终效果

图1.50 "图层"面板

> | **提示** | 本节最终效果为随书所附光盘中的文件"第1章\1.2.psd"。

〉技能总结 //

- 应用调整图层的功能，调整图像的亮度、色彩等属性。
- 利用剪贴蒙版限制图像的显示范围。
- 利用图层蒙版功能隐藏不需要的图像。
- 通过设置图层属性以混合图像。
- 结合画笔工具 ✐ 及特殊画笔素材绘制图像。
- 使用形状工具绘制形状。
- 应用"斜面和浮雕"命令，制作图像的立体效果。
- 利用变换功能调整图像的大小、角度及位置。

1.3 葡萄酒广告设计

〉基本信息 //////////////////////////////

学习难度： ★★★★

主要技术： 图层蒙版、调整图层、滤镜、
绘制路径、图层样式

图层数量： 34

通道数量： 0

路径数量： 1

〉设计解析 //////////////////////////////////////

　　本例是以葡萄酒为主题的广告设计作品。在制作的过程中，主要以处理作品中的纸画及文字图像为核心内容。对于纸画的制作，设计师以金黄色为色调，衬托出葡萄酒的顶尖品位。而文字的设计也别具一格，再加上广告在整体形象、色调方面为该酒所塑造的气质，使消费者产生消费欲望。

〉设计流程解析 ////////////////////////////////////

　　用图1.51所示的流程图对制作过程进行了示意，并在下面分别解析各个制作步骤。

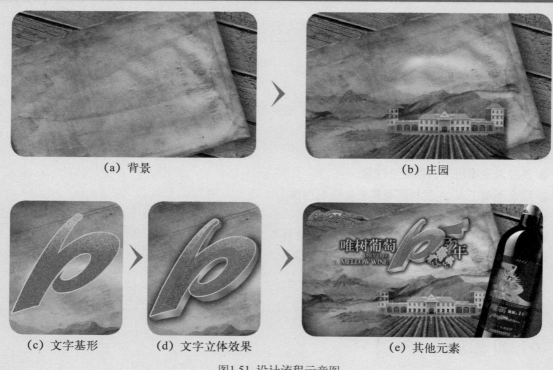

(a) 背景　　　　　　　　　　　　(b) 庄园

(c) 文字基形　　　(d) 文字立体效果　　　　(e) 其他元素

图1.51 设计流程示意图

| 背景 |

为突出葡萄酒产品悠久的历史文化，广告采用了比较陈旧的纹理作为背景，但需要注意的是，这些纹理只需能给人以回味历史的感觉即可，注意程度把握，以免影响人们对于产品本身的印象。

在制作过程中，可以结合一些相关的纹理，使用混合模式、图层蒙版等功能将它们融合在一起即可。

| 庄园 |

庄园是葡萄酒广告中常用的元素，除此之外，画面中还增加了一些远山图像，以增强图像整体的意境和空间感。

| 文字基形 |

数字10是本例要表现的重点，首先我们针对其基本的形态、色彩及质感进行处理。在制作过程中，将使用图形绘制工具创建文字的基本造型，然后结合图层样式、调整图层及滤镜等功能，调整其色彩及质感等属性。

| 文字立体效果 |

在制作文字的立体效果时，仍然是以绘制图形为基础，结合图层样式、画笔绘图等辅助功能，完成模拟文字厚度的处理，使文字整体看来造型华丽又不失厚重，质感古朴又不失现代。

| 其他元素 |

完成主体后，应加入相应的装饰内容及产品图像等。需要注意的是，在添加装饰图像时，一定要注意其形态、色彩等方面与主体相匹配，否则很容易影响主体的视觉效果。

▶操作步骤 //

① 打开随书所附光盘中的文件"第1章\1.3-素材1.psd"，如图1.52所示，将其作为本例的背景图像。

▶ |提示| 下面利用素材图像，结合图层样式、图层蒙版以及调整图层等功能，制作纸面图像。

② 打开随书所附光盘中的文件"第1章\1.3-素材2.psd"，使用移动工具 ▶ 将其拖至上一步打开的文件中，得到"图层1"。按Ctrl+T键调出自由变换控制框，按Shift键向内拖动控制句柄以缩小图像、逆时针旋转18°左右及移动位置，按Enter键确认操作。得到的效果如图1.53所示。

图1.52 素材图像　　　　　　　　　　图1.53 调整素材图像的大小、角度及位置

③ 单击添加图层样式按钮 _fx_，在弹出的菜单中选择"投影"命令，设置弹出的对话框（如图1.54所示），得到的效果如图1.55所示。

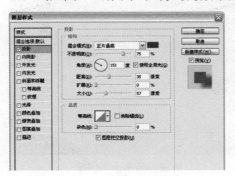　　　　

图1.54 "投影"对话框　　　　　　　　图1.55 添加图层样式后的效果

▶ |提示| 在"投影"对话框中，颜色块的颜色值为790000。

④ 单击添加图层蒙版按钮 ◻ 为"图层1"添加蒙版，设置前景色为黑色，选择画笔工具 ◢，在其工具选项条中设置适当的画笔大小及不透明度，在图层蒙版中进行涂抹，以将左上方的部分图像隐藏起来，直至得到如图1.56所示的效果。

⑤ 单击创建新的填充或调整图层按钮 ◑，在弹出的菜单中选择"色相/饱和度"命令，得到图层"色相/饱和度1"，按Ctrl+Alt+G键执行"创建剪贴蒙版"操作，设置弹出的面板（如图1.57所示），得到如图1.58所示的效果。

 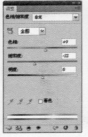 

图1.56 隐藏左上方的部分图像　　图1.57 "色相/饱和度"面板　　图1.58 调色后的效果

⑥ 打开随书所附光盘中的文件"第1章\1.3-素材3.psd"，结合移动工具 ▶⊕ 及变换功能，制作左侧的纹理图像，如图1.59所示。同时得到"图层2"。设置当前图层的混合模式为"柔光"，不透明度为80%，以混合图像，得到的效果如图1.60所示。

图1.59 制作纹理图像　　　　　　　　图1.60 设置图层属性后的效果

⑦ 按照第4步的操作方法为"图层2"添加蒙版，应用画笔工具 ✐ 在蒙版中进行涂抹，以将边缘多余的图像隐藏起来，直至得到如图1.61所示的效果。

▶ | 提示 | 下面制作纸面中的建筑及山水图像。

图1.61 隐藏边缘多余的图像

⑧ 选择"色相/饱和度1"作为当前的工作层，根据前面所介绍的操作方法，利用随书所附光盘中的文件"第1章\1.3-素材4.psd"，结合图层蒙版以及图层属性等功能，制作纸面中的建筑图像，如图1.62所示。同时得到"图层3"。

▶ | 提示 | 本步骤中设置了"图层3"的混合模式为"叠加"。

⑨ 复制"图层3"得到"图层3副本"，更改此图层的混合模式为"变暗"，以混合图像，得到的效果如图1.63所示。

图1.62 制作建筑图像

图1.63 复制及更改图层属性后的效果

⑩ 根据前面所介绍的操作方法，利用随书所附光盘中的文件"第1章\1.3-素材5.psd"和"第1章\1.3-素材6.psd"，结合图层蒙版、图层属性以及图层样式等功能，制作左侧的山水以及建筑上方连绵起伏的山峰图像，如图1.64所示。如图1.65所示为单击显示本步骤的图像状态，"图层"面板如图1.66所示。

图1.64 制作其他图像

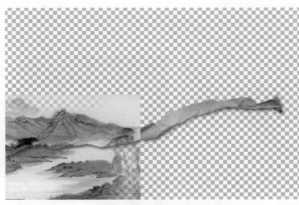

图1.65 单独显示图像状态

图1.66 "图层"面板

| 提示1 | 本步骤中为了方便图层的管理，在此将制作纸面的图层选中，按Ctrl+G键执行"图层编组"操作得到"组1"，并将其重命名为"纸面"。在下面的操作中，笔者也对各部分进行了编组的操作，在步骤中不再叙述。

| 提示2 | 本步骤中设置了"图层4"（左侧的山水）的混合模式为"正片叠底"，设置了"图层5"的混合模式为"颜色加深"。另外，在制作的过程中，还需要注意各个图层间的顺序。关于"投影"对话框中的参数设置请参考最终效果源文件。在下面的操作中，会多次应用到图层样式的操作，笔者不再做相关参数的提示。下面制作主题文字图像。

⑪ 选择组"纸面",切换至"路径"面板,新
建"路径1"。选择钢笔工具 ✎,在工具选
项条上单击路径按钮 ▨,在建筑的上方绘制
如图1.67所示的路径。

⑫ 切换回"图层"面板,单击创建新的填充
或调整图层按钮 ◕,在弹出的菜单中选
择"渐变"命令,设置弹出的对话框(如
图1.68所示),单击"确定"按钮退出对话
框,隐藏路径后的效果如图1.69所示,同时
得到图层"渐变填充1"。

图1.67 绘制文字路径

图1.68 "渐变填充"对话框

图1.69 应用"渐变填充"后的效果

▶ | 提示 | 在"渐变填充"对话框中,渐变类型为"从fdee00到f15528"。

⑬ 选择"滤镜"→"杂色"→
"添加杂色"命令,在弹出的
提示框中直接单击"确定"按
钮退出提示框。设置弹出的对
话框(如图1.70所示),得到
如图1.71所示的效果。

⑭ 单击添加图层样式按钮 fx,
在弹出的菜单中选择"描边"
命令,设置弹出的对话框(如
图1.72所示),得到的效果如
图1.73所示。

图1.70 "添加杂色"对话框

图1.71 应用"添加杂色"
后的效果

▶ | 提示 | 在"描边"对话框中,渐变类型各色标值从左至右分别为fdee00、f8f0c3、fdee00和
f8f0c3。

⑮ 单击创建新的填充或调整图层按钮 ◕,在弹出的菜单中选择"色阶"命令,得到图层
"色阶1",按Ctrl+Alt+G键执行"创建剪贴蒙版"操作,设置弹出的面板(如图1.74所
示),得到如图1.75所示的效果。

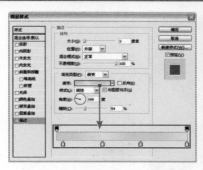

图1.72 "描边"对话框

图1.73 描边后的效果

图1.74 "色阶"面板

图1.75 应用"色阶"后的效果

16 显示"路径1",利用直接选择工具 调整节点的位置,得到如图1.76所示的状态。单击创建新的填充或调整图层按钮 ,在弹出的菜单中选择"纯色"命令,然后在弹出的"拾取实色"对话框中设置其颜色值为ef4823,得到如图1.77所示的效果,同时得到图层"颜色填充1"。

图1.76 调整文字路径

图1.77 填充后的效果

17 在"颜色填充1"图层的名称上单击右键,在弹出的菜单中选择"转换为智能对象"命令,从而将其转换成为智能对象图层。选择"滤镜"→"杂色"→"添加杂色"命令,设置弹出的对话框(如图1.78所示),得到如图1.79所示的效果。

图1.78 "添加杂色"对话框

图1.79 添加杂色后的效果

| 提示 | 转换成智能对象图层的目的是,在后面将对"颜色填充1"图层中的图像进行"滤镜"操作,而智能对象图层则可以记录下所有的参数设置,并编辑智能蒙版以得到所需要的图像效果。

18 选择智能蒙版缩览图,设置前景色为黑色,选择画笔工具 ,在其工具选项条中设置适当的画笔大小及不透明度,在智能蒙版中进行涂抹,以将部分杂色隐藏起来,得到的效果如图1.80所示。

19 单击创建新的填充或调整图层按钮 ,在弹出的菜单中选择"亮度/对比度"命令,得到图层"亮度/对比度1",按Ctrl+Alt+G键执行"创建剪贴蒙版"操作,设置弹出的面板(如图1.81所示),得到如图1.82所示的效果。"图层"面板如图1.83所示。

图1.80 编辑蒙版后的效果　图1.81 "亮度/对比度" 　图1.82 应用"亮度/对比　图1.83 "图层"面板
面板　　　　　度"后的效果

▶ | **提示** | 至此，文字面部效果已制作完成。下面制作文字的厚度，以增强立体感。

20 选择组"纸面"，设置前景色的颜色值为fff200，选择钢笔工具 ✎，在工具选项条上
单击形状图层按钮 ▭，在文字图像上绘制如图1.84所示的形状，得到"形状1"。利
用"投影"图层样式制作文字与纸画间的接触感，如图1.85所示。

21 新建"图层6"，按Ctrl+Alt+G键执行"创建剪贴蒙版"操作，设置前景色的颜色值为
6c4800，选择画笔工具 ✐，并在其工具选项条中设置适当的画笔大小及不透明度，在文
字的右下角进行涂抹，得到的效果如图1.86所示。按照第 **17** 步的操作方法，将当前图层
转换为智能对象图层。

22 选择"滤镜"→"模糊"→"高斯模糊"命令，在弹出的对话框中设置"半径"数值
为13.9，得到如图1.87所示的效果。

图1.84 绘制形状　　　图1.85 制作接触感　　图1.86 在文字的右上方涂抹　图1.87 模糊后的效果

23 根据前面所介绍的操作方法，结合画笔工具 ✐、模糊工具 ◌以及形状工具等功能，完
成对文字厚度的制作，如图1.88所示。"图层"面板如图1.89所示。

▶ | **提示** | 本步骤中关于图像的颜色值、画笔的大小以及模糊值的设置请参考最终效果源文
件，在下面的操作中会有类似的操作，笔者不再做相关的提示。下面制作主题文字右上方
的装饰图像。

24 按照制作主题文字的方法，结合形状工具、图层样式、滤镜、调整图层以及编辑蒙版等
功能，制作主题文字右上方的装饰图像，如图1.90所示。"图层"面板如图1.91所示。

▶ |**提示**| 本步骤中关于"色阶"面板中的参数设置请参考最终效果源文件。

 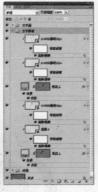  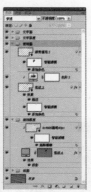

图1.88 制作厚度   图1.89 "图层"面板   图1.90 制作装饰图像   图1.91 "图层"面板

㉕ 选择横排文字工具 T，设置前景色的颜色值为fef275，并在其工具选项条上设置适当的字体和字号，在主题文字的右侧输入如图1.92所示的文字，并得到相应的文字图层"年"。利用"投影"图层样式制作文字与纸画间的接触感，如图1.93所示。

图1.92 输入文字   图1.93 制作投影效果

㉖ 根据前面所介绍的操作方法，结合文字工具、图层样式以及素材图像，制作主题文字左侧的说明文字以及右侧的葡萄图像，如图1.94所示。"图层"面板如图1.95所示。

图1.94 制作文字及葡萄图像   图1.95 "图层"面板

| 提示 | 本步骤所应用到的素材图像为随书所附光盘中的文件"第1章\1.3-素材7.psd";另外,为在制作的过程中,还需要注意各个图层间的顺序。下面调整整体图像的亮度、对比度,并添加画面中的广告物,完成制作。

㉗ 打开随书所附光盘中的文件"第1章\1.3-素材8.psd",按Shift键使用移动工具 将其拖至上一步制作的文件中,并将组"暗调"拖至组"纸面"的上方,得到的最终效果如图1.96所示。"图层"面板如图1.97所示。

图1.96 最终效果　　　　　　　　　　　　图1.97 "图层"面板

| 提示1 | 本步骤笔者是以组的形式给出素材的,由于其操作非常简单,在叙述上略显烦琐,读者可以参考最终效果源文件进行参数设置,展开组即可观看到操作的过程。

| 提示2 | 本节最终效果为随书所附光盘中的文件"第1章\1.3.psd"。

▶技能总结

- 应用"投影"命令,制作图像的投影效果。
- 利用图层蒙版功能隐藏不需要的图像。
- 应用调整图层的功能,调整图像的亮度、色彩等属性。
- 利用剪贴蒙版限制图像的显示范围。
- 通过设置图层属性以融合图像。
- 结合路径以及渐变填充图层的功能制作图像的渐变效果。
- 使用形状工具绘制形状。
- 应用"高斯模糊"命令制作图像的模糊效果。

1.4 城中印象房地产广告设计

> 基本信息 ////////////////////

学习难度：★★★★★

主要技术：变换图像、图层样式、绘制路径、填充图层、图层属性、路径运算

图层数量：66

通道数量：0

路径数量：4

> 设计解析 ///////////////////////

　　本例是以城中印象为主题的房地产广告设计作品。在制作的过程中，主要以画面中的花朵图像为处理的核心。无论从质感、光泽以及立体感等方面来看，这幅作品无疑是非常成功的。希望读者认真操作每一步，制作出更加优秀的作品。

> 设计流程解析 ///////////////////////

　　用图1.98所示的流程图对制作过程进行了示意，并在下面分别解析各个制作步骤。

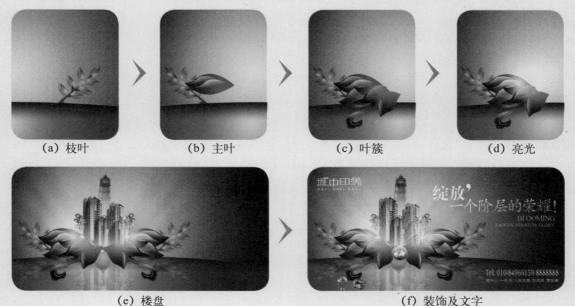

（a）枝叶　　（b）主叶　　（c）叶簇　　（d）亮光

（e）楼盘　　（f）装饰及文字

图1.98 设计流程示意图

| 枝叶 |

　　枝叶的制作方法比较简单，主要还是需要设计师对元素形态的把握，以及对渐变这一

填充色功能的灵活运用。在制作得到一个完整的叶片后，通过反复的复制并变换即可得到其他的叶片。

| 主叶 |

这是本例中最主要的装饰图像，在制作过程中，将主要通过绘制路径及渐变填充图层绘制叶的各个组成部分，然后再配合图层蒙版及图层样式等功能对其进行修饰处理即可。

| 叶簇 |

与前面绘制的枝叶不同，此处的每个主叶都具有不同的光泽，因此无法使用复制的方式制作其他的主叶，但我们也可以尝试复制前一个主叶的相关图层，然后适当修改一下图层样式及蒙版等参数，即可得到不同的主叶效果。

另外，在制作过程中应注意把握各主叶的角度、大小等属性，使其看起来自然、美观，一定要避免给人以简单复制的感觉。

| 亮光 |

此处的亮光对烘托整体的气氛非常重要，能够给人以一种柔和的感觉。其制作方法比较简单，只需要使用画笔绘制一个光点，然后配合适当的图层样式参数即可。

| 楼盘 |

将楼盘置于对称的水晶叶片中间，再配合素材图像及滤镜功能，制作得到楼盘背后的放射光效果，给人一种尊贵、大气的视觉效果，除了能够表现出楼盘的高档次地位之外，通过画面的完美表现，更能很好地引发浏览者的共鸣，进而达到宣传目的。

| 装饰及文字 |

对于以尊贵、大气为定位的楼盘广告，其装饰图像自然也需要有一定的档次，而钻石自然是其中最具有代表性的表现对象之一。

另外，在文字的编排上，应以简洁、大方为主要设计思路，避免太多的宣传文字以及平庸的宣传语，以避免给人以"小众"的感觉，进而降低对产品档次的评价。

〉操作步骤

① 打开随书所附光盘中的文件"第1章\1.4-素材1.psd"，如图1.99所示，将其作为本例的背景图像。

> **| 提示 |** 本步骤中笔者是以组的形式给出素材的，由于并非本例讲解的重点，读者可以参考最终效果源文件进行参数设置，展开组即可观看到操作的过程。下面制作主题花图像，首先制作花的树枝。

② 选择组"底图"，选择钢笔工具 ，在工具选项条上单击路径按钮 ，在画布中绘制如图1.100所示的路径。单击创建新的填充或调整图层按钮 ，在弹出的菜单中选择"渐变"命令，设置弹出的对话框（如图1.101所示），单击"确定"按钮退出对话框，隐藏路径后的效果如图1.102所示，同时得到图层"渐变填充1"。

图1.99 素材图像

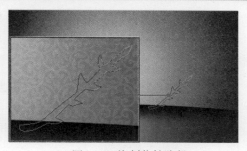

图1.100 绘制花枝路径

图1.101 "渐变填充"对话框

图1.102 应用"渐变填充"
后的效果

> | **提示** | 在"渐变填充"对话框中，渐变类型的各色标颜色值从左至右分别为3d220a、
> d3ab4a和3d220a。

③ 单击添加图层样式按钮 fx ，在弹出的菜单中选择"斜面和浮雕"命令，设置弹出的对
　话框（如图1.103所示），得到的效果如图1.104所示。

④ 设置"渐变填充1"的混合模式为"强光"，以混合图像，得到的效果如图1.105所示。

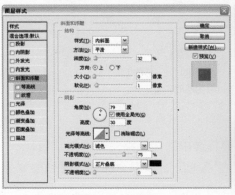

图1.103 "斜面和浮雕"对话框

图1.104 应用"斜面和浮雕"
后的效果

图1.105 设置"强光"
后的效果

> | **提示** | 至此，树枝图像已制作完成。下面制作树叶图像。

⑤ 选择组"底图"，按照第②步的操作方法，应用钢笔工具 在树枝的上方绘制叶子路
　径，如图1.106所示。然后单击创建新的填充或调整图层按钮 ，在弹出的菜单中选择

"渐变"命令,设置弹出的对话框(如图1.107所示),隐藏路径后的效果如图1.108所示,同时得到图层"渐变填充2"。

图1.106 绘制叶子路径

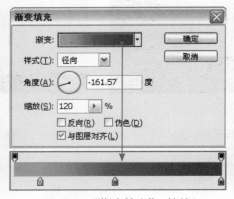

图1.107 "渐变填充"对话框

图1.108 应用"渐变填充"
后的效果

| 提示 | 在"渐变填充"对话框中,渐变类型的各色标颜色值从左至右分别为e5a315、9c4904和60320b。下面制作树叶的高光效果。

⑥ 重复上一步的操作方法,结合路径及渐变填充图层功能,制作树叶的高光效果,如图1.109所示。同时得到"渐变填充3"。设置当前图层的不透明度为80%,以降低图像的透明度。

| 提示 | 本步骤中设置"渐变填充"对话框中的参数如图1.110所示。

图1.109 制作高光效果

图1.110 "渐变填充"对话框

⑦ 选中"渐变填充 2"和"渐变填充3",按Ctrl+G键将选中的图层编组,得到"组1",并将其重命名为"树叶",设置此组的混合模式为"强光",以混合图像,得到的效果如图1.111所示。"图层"面板如图1.112所示。

| 提示 | 为了方便图层的管理,笔者在此对制作树叶的图层进行编组操作,在下面的操作中,笔者也对各部分进行了编组的操作,在步骤中不再叙述。下面制作其他树叶图像。

⑧ 选中组"树叶",按Ctrl+Alt+E键执行"盖印"操作,从而将选中图层中的图像合并至一个新图层中,并将其重命名为"图层1"。按Ctrl+T键调出自由变换控制框,逆时针旋

转45°左右及移动位置，按Enter键确认操作。得到的效果如图1.113所示。

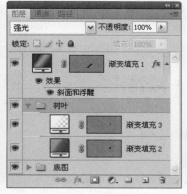

图1.111 设置混合模式后的效果　　图1.112 "图层"面板　　图1.113 盖印及调整图像

⑨ 复制"图层1"得到"图层1副本"，利用自由变换控制框进行水平翻转、旋转角度（132°左右）及移动位置，得到的效果如图1.114所示。

⑩ 按照上一步的操作方法，结合复制图层及变换功能，制作其他树叶图像，如图1.115所示。同时得到"图层1副本2"～"图层1副本5"，"图层"面板如图1.116所示。

图1.114 复制及调整图像　　图1.115 制作其他树叶图像　　图1.116 "图层"面板

⑪ 选择组"枝叶"，按Ctrl+Alt+E键执行"盖印"操作，从而将选中图层中的图像合并至一个新图层中，并将其重命名为"图层2"。设置此图层的混合模式为"强光"，并利用自由变换控制框进行水平翻转及移动位置，得到的效果如图1.117所示。

图1.117 制作另外一个枝叶图像

> |提示| 至此，枝叶图像已制作完成。下面制作花瓣图像。

⑫ 应用钢笔工具 ✒ 在左侧枝叶的右侧绘制如图1.118所示的路径。单击创建新的填充或调整图层按钮 ⬤ ，在弹出的菜单中选择"渐变"命令，设置弹出的对话框（如图1.119所示），隐藏路径后的效果如图1.120所示，同时得到图层"渐变填充4"。

图1.118 绘制大叶子路径

图1.119 "渐变填充"对话框

图1.120 应用"渐变填充"
后的效果

▶ | **提示** | 在"渐变填充"对话框中，渐变类型为"从95470a到060100"。

⑬ 按照上一步的操作方法，结合路径及渐变填充图层功能，制作花瓣上的高光效果，如图1.121所示，同时得到"渐变填充5"。

▶ | **提示** | 本步骤中设置"渐变填充"对话框中的参数，如图1.122所示，渐变类型为"从d59a3f到透明"。

图1.121 制作大叶子的高光效果

图1.122 "渐变填充"对话框

⑭ 单击添加图层蒙版按钮 ⬛ 为"渐变填充5"添加蒙版，设置前景色为黑色，选择画笔工具 ✏ ，在其工具选项条中设置适当的画笔大小及不透明度，在图层蒙版中进行涂抹，以将下方的部分图像隐藏起来，直至得到如图1.123所示的效果。

⑮ 单击添加图层样式按钮 *fx.*，在弹出的菜单中选择"描边"命令，设置弹出的对话框（如图1.124所示），然后继续在"图层样式"对话框中选择"混合选项"，设置如图1.125所示，得到的效果如图1.126所示。

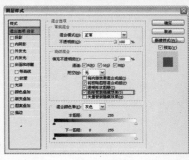

图1.123 隐藏下方的 　图1.124 "描边"对 　图1.125 "混合选项"对话框 　图1.126 添加图层样式
部分图像 　　　　　话框 　　　　　　　　　　　　　　　　　　　后的效果

▶ | 提示 | 在"描边"对话框中，设置颜色块的颜色值为d59a3f。

⑯ 复制"渐变填充5"得到"渐变填充5副本"，使用移动工具 ▸╋ 调整图像的位置，得到的效果如图1.127所示。

⑰ 复制"渐变填充5副本"得到"渐变填充5副本2"，删除"描边"图层样式，双击当前图层缩览图，在弹出的对话框中更改渐变类型为"从f9de49到透明"（其他设置不变），得到的效果如图1.128所示。

⑱ 选择"渐变填充5副本2"图层蒙版缩览图，设置前景色为黑色，选择画笔工具 ✎，在其工具选项条中设置适当的画笔大小及不透明度，在图层蒙版中进行涂抹，以将下方的部分图像隐藏起来，直至得到如图1.129所示的效果。

图1.127 复制及移动图像 　　　图1.128 更改渐变效果 　　　图1.129 编辑蒙版后的效果

⑲ 根据前面所介绍的操作方法，结合路径、渐变填充、"描边"命令以及复制图层等功能，制作其他花瓣图像，如图1.130所示。"图层"面板如图1.131所示。

▶ | 提示 | 本步骤中关于"渐变填充"以及"描边"对话框中的参数设置请参考最终效果源文件。另外，设置了"渐变填充9"的混合模式为"强光"。下面来完善花瓣图像。

⑳ 选择"渐变填充 5 副本 2"作为当前的工作层，设置前景色的颜色值为5d330b，选择钢笔工具 ✎，在工具选项条上单击形状图层按钮 ▢，在花瓣的下方绘制如图1.132所示的形状，得到"形状1"。

图1.130 制作其他花瓣图像

图1.131 "图层"面板

图1.132 绘制形状

㉑ 选择"渐变填充10"作为当前的工作层，设置前景色的颜色值为cd832f，应用钢笔工具 ◢继续在花瓣图像上绘制形状，如图1.133所示。同时得到"形状2"。设置此图层的混合模式为"柔光"，以混合图像，得到的效果如图1.134所示。

㉒ 选择"渐变填充13"作为当前的工作层，设置前景色的颜色值为e4af3f，结合形状工具及图层蒙版的功能，完善花茎的制作，如图1.135所示，同时得到"形状3"。

图1.133 绘制花瓣上的形状

图1.134 设置"柔光"后的效果

图1.135 制作花茎图像

▶ |提示| 下面结合画笔工具 ◢、图层属性以及图层样式的功能，加强花瓣的质感。

㉓ 新建"图层3"，设置前景色为ffb400，选择画笔工具 ◢，在其工具选项条中设置适当的画笔大小及不透明度，在花瓣的上方进行涂抹，得到的效果如图1.136所示。设置此图层的混合模式为"颜色减淡"，以混合图像，得到的效果如图1.137所示。

图1.136 在花瓣的上方涂抹

图1.137 设置"颜色减淡"后的效果

㉔ 单击添加图层样式按钮 fx，在弹出的菜单中选择"外发光"命令，设置弹出的对话框（如

图1.138所示），得到的效果如图1.139所示。选择组"花瓣"，结合盖印及变换功能，制作右侧的花瓣图像，如图1.140所示，同时得到"图层4"。

图1.138 "外发光"对话框　　　　图1.139 制作发光效果　　　　图1.140 制作右侧的花瓣图像

| 提示 | 在"外发光"对话框中，颜色块的颜色值为ff7200。下面制作建筑及心形图像。

25 打开随书所附光盘中的文件"第1章\1.4-素材2.psd"，按Shift键使用移动工具 将其拖至上一步制作的文件中，将组"心形"拖至组"枝叶"的下方，得到的效果如图1.141所示。同时还得到另外一个组"建筑"。"图层"面板如图1.142所示。

图1.141 拖入素材图像　　　　图1.142 "图层"面板

26 制作倒影效果。选择组"主题"，结合盖印、变换以及设置图层属性等功能，制作主题图像的倒影效果，如图1.143所示，同时得到"图层5"。

| 提示 | 本步骤中设置了"图层5"的不透明度为30%；另外，"图层5"需要放在组"主题"的下方。下面制作钻石及光线效果。

27 选择组"主题"，打开随书所附光盘中的文件"第1章\1.4-素材3.psd"，按Shift键使用移动工具 将其拖至上一步制作的文件中，得到的效果如图1.144所示，同时得到组"钻石及光线"。

图1.143 制作倒影效果　　　　　　　　　　图1.144 拖入素材图像

㉘ 选择组"底图",利用随书所附光盘中的文件"第1章\1.4-素材4.psd",结合移动工具 ⊹ 及变换功能,制作放射线图像,如图1.145所示,同时得到"图层6"。选择"滤镜"→"模糊"→"高斯模糊"命令,在弹出的对话框中设置"半径"数值为8,得到如图1.146所示的效果。

图1.145 制作放射线图像　　　　　　　　图1.146 模糊后的效果

> | 提示 | 至此,钻石及光线效果已制作完成。下面添加文字,并对整体图像进行锐化处理,完成制作。

㉙ 选择组"钻石及光线",打开随书所附光盘中的文件"第1章\1.4-素材5.psd",按Shift键使用移动工具 ⊹ 将其拖至上一步制作的文件中,得到的效果如图1.147所示,同时得到组"文字说明"。

图1.147 拖入素材5图像

㉚ 按Ctrl+Alt+Shift+E键执行"盖印"操作,从而将当前所有可见的图像合并至一个新图层中,得到"图层7"。选择"滤镜"→"锐化"→"USM锐化"命令,设置弹出的对话框(如图1.148所示),如图1.149所示为应用"USM锐化"前后对比效果。

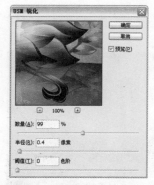

图1.148 "USM锐化"对话框　　　　　　　图1.149 对比效果

31 至此，完成本例的操作，最终整体效果如图1.150所示，"图层"面板如图1.151所示。

图1.150 最终效果

图1.151 "图层"面板

> | 提示 | 本节最终效果为随书所附光盘中的文件"第1章\1.4.psd"。

〉技能总结

● 结合路径以及渐变填充图层的功能制作图像的渐变效果。

● 通过设置图层属性以混合图像。

● 通过添加图层样式，制作图像的立体、发光等效果。

● 应用"盖印"命令合并可见图层中的图像。

● 使用形状工具绘制形状。

● 利用图层蒙版功能隐藏不需要的图像。

● 利用变换功能调整图像的大小、角度及位置。

1.5 天路国际会馆宣传广告设计

〉基本信息

学习难度： ★★★

主要技术： 图层蒙版、混合模式、调整图层、变换

图层数量： 37

通道数量： 1

路径数量： 1

〉设计解析

本例主要利用了调整图层和为图层添加图层蒙版功能，从而使用素材图像制作出了一个

虚拟的场景。颜色的把握和图层蒙版的使用是本例的重点，混合模式也是本例中的学习重点之一，在以后的工作中将会经常用到。

设计流程解析

用图1.152所示的流程图对制作过程进行了示意，并在下面分别解析各个制作步骤。

（a）杯子 　　　　　　　　（b）波涛 　　　　　　　　（c）辅助元素

图1.152 设计流程示意图

| 杯子 |

杯子是本例创意图像的载体，在制作过程中，可以结合调整图层及蒙版等功能，将其颜色调整为与背景相协调的色调。另外，杯子的透视角度及大小等属性，也在一定程度上会影响后面要合成的波涛图像，所以在选图及合成时应多加注意。

| 波涛 |

波涛是本例要合成的重点，为了突出海面波涛汹涌、大浪翻腾的效果，在挑选素材图像时，就一定要选择符合这种要求的素材，以便于后期进行合成和表现。

在制作过程中，可以使用蒙版将波涛图像抠选出来——当然，如果对效果的细节要求非常精细，可以尝试使用通道等功能仔细地进行抠选，然后结合调整图层、画笔绘图等功能，对图像的色彩及局部的亮度进行处理即可。

| 辅助元素 |

房地产广告中的辅助元素比较多，比如宣传楼盘的广告语、文案及标志等常见元素，除此之外，通常还包含有楼盘的实景照片或效果图、售楼处地址以及地图等，即便于读者了解更多的相关信息。

当然，其中数量最多的当然还是各种文字信息，在编排过程中，应根据文字的不同重要性，采用不同的文字色彩、大小以及位置等编排手法进行有效区分，以便于读者能够在第一时间了解广告最想表达的含义。

操作步骤

① 打开随书所附光盘中的文件"第1章\1.5-素材1.psd"，如图1.153所示，"图层"面板如图1.154所示。

图1.153 素材图像

图1.154 "图层"面板

▶ |提示| 下面制作杯子中的海浪特效。

② 打开随书所附光盘中的文件"第1章\1.5-素材2.psd",使用移动工具 ▶₊ 将其拖至上一步打开的文件中,得到"图层6"。按Ctrl+T键调出自由变换控制框,按住Shift键等比例缩放图像,并将其移至画布的右侧,如图1.155所示,按Enter键确认变换操作。

③ 单击创建新的填充或调整图层命令按钮 ⊘.,在弹出的菜单中选择"通道混合器"命令,得到图层"通道混合器3",按Ctrl+Alt+G键执行"创建剪贴蒙版"操作,设置弹出的面板(如图1.156、图1.157和图1.158所示),得到如图1.159所示的效果。

图1.155 变换杯子图像

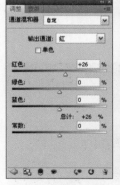
图1.156 "红"通道

图1.157 "绿"通道　图1.158 "蓝"通道

图1.159 应用"通道混合器"命令后的效果

④ 新建"图层7",按Ctrl+Alt+G键执行"创建剪贴蒙版"操作,设置前景色为黑色,选择画笔工具 ✎,并在其工具选项条中设置适当的画笔大小及不透明度,在杯子的下方涂抹以将其变暗,得到如图1.160所示的效果。

⑤ 新建一个图层得到"图层8",将其拖至"图层6"的下方,使用黑色画笔按照如图

1.161所示的效果进行涂抹，"图层"面板的状态如图1.162所示。

图1.160 在杯子的下方涂抹

图1.161 制作阴影效果

图1.162 "图层"面板

⑥ 选择"图层7"，打开随书所附光盘中的文件"第1章\1.5-素材3.psd"，使用移动工具拖至刚制作文件中，得到"图层9"，按Ctrl+T键调出自由变换控制框，按住Shift键等比例缩放图像并将其移至杯子的上方，如图1.163所示，按Enter键确认变换操作。

⑦ 单击添加图层蒙版命令按钮 为"图层 9"添加图层蒙版，设置前景色的颜色值为黑色，选择画笔工具，设置适当的画笔大小及不透明度，且"硬度"为0%，按照如图1.164所示的效果进行涂抹以将海浪截选出来。

图1.163 变换素材图像

图1.164 将海浪截选出来

⑧ 单击创建新的填充或调整图层命令按钮 ，在弹出的菜单中选择"亮度\对比度"命令，得到图层"亮度\对比度 1"，按Ctrl+Alt+G键执行"创建剪贴蒙版"操作，设置弹出的面板（如图1.165所示），得到如图1.166所示的效果。

⑨ 单击创建新的填充或调整图层命令按钮 ，在弹出的菜单中选择"通道混合器"命令，得到图层"通道混合器4"，按Ctrl+Alt+G键执行"创建剪贴蒙版"操作，设置弹出的面板（如图1.167、图1.168和图1.169所示），得到如图1.170所示的效果。

图1.165 "亮度\对比度"
面板

图1.166 应用"亮度\对比度"
命令后的效果

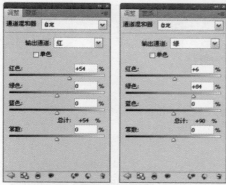
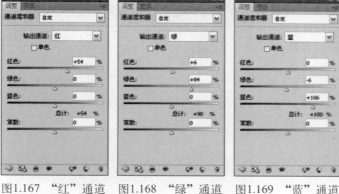

图1.167 "红"通道　　图1.168 "绿"通道　　图1.169 "蓝"通道　　图1.170 调色后的效果

⑩ 重复第⑤步的操作方法，先新建"图层 10"，并将其剪贴到"图层 9"上，再用黑色的画笔工具 ✐ 在杯子的下方涂抹以将其变暗，得到如图1.171所示的效果，"图层"面板的状态如图1.172所示。

⑪ 按住Alt键拖动"图层 9"的名称至"图层 10"的上方，释放鼠标后得到"图层 9 副本"，首先在"图层 9 副本"的图层蒙版缩览图上右击，在弹出的菜单中选择"停用图层蒙版"命令，以方便观看。

图1.171 用画笔工具涂抹后的效果　　图1.172 "图层"面板

⑫ 选择"编辑"→"变换"→"垂直翻转"命令，再结合自由变换控制框将图像缩放并逆时针旋转40°左右，将浪花移至杯口处（如图1.173所示的位置），按Enter键确认变换操作。

⑬ 显示"图层 9 副本"的图层蒙版并按照如图1.174所示的效果用画笔工具 ✐ 对其蒙版进行编辑，其图层蒙版现在的状态如图1.175所示。

图1.173 变换图像的角度及位置

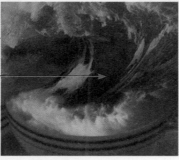

图1.174 编辑图层蒙版后的效果　　　　图1.175 图层蒙版的状态

14 复制第 **8** 步和第 **9** 步所创建的两个调整图层至"图层 9 副本"的上方，并剪贴到该图层上，得到如图1.176所示的效果并得到"通道混合器 4 副本"以及"亮度\对比度 1 副本"。

15 再创建一个通道混合器调整图层以调整整个画面的色调，设置其面板如图1.177、图1.178和图1.179所示，得到如图1.180所示的效果。

图1.176 复制调整图层后的效果

图1.177 "红"通道 图1.178 "绿"通道 图1.179 "蓝"通道 图1.180 应用"通道混合器"后的效果

16 最后按照如图1.181所示的文字编排以及辅助图案来输入文字和编排版式，这幅作品就完成了，"图层"面板的状态如图1.182所示。

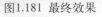

图1.181 最终效果

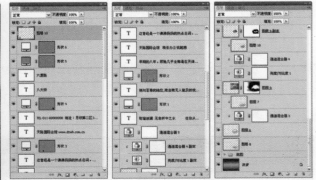

图1.182 "图层"面板

> | **提示** | 本节最终效果为随书所附光盘中的文件"第1章\1.5.psd"。

技能总结 ///

- 应用调整图层的功能，调整图像的亮度、色彩等属性。
- 利用剪贴蒙版限制图像的显示范围。
- 利用图层蒙版功能隐藏不需要的图像。
- 利用变换功能调整图像的大小、角度及位置。
- 应用画笔工具 ✎ 绘制图像。

1.6 可乐宣传海报

基本信息 ///

学习难度： ★★★★

主要技术： 绘制路径与填充渐变、绘制图形、图层样式

图层数量： 56

通道数量： 0

路径数量： 55

设计解析 ///

　　本例是可口可乐的宣传海报。本例的作品是混合矢量法的代表作，创意是以一个可乐的瓶子作为基础，从可乐瓶子中喷射出以可乐色为主色调的各种流线型色块，整体看来像节日的礼花，也很像一棵抽象的树。

　　在学习本例的过程中，读者不必局限于例子中的形态，可以自由发挥，但是要注意细节，一点细小的变化，很可能影响整体的感觉。

设计流程解析 ///

　　用图1.183所示的流程图对制作过程进行了示意，并在下面分别解析各个制作步骤。

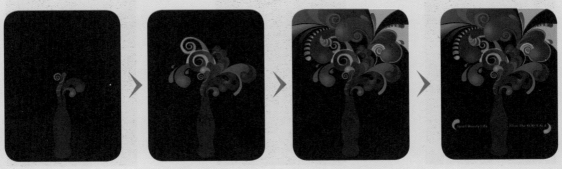

图1.183 可乐宣传海报设计流程示意图

本例是绘制矢量图形并为其填充单色或渐变色彩，由于图形内容繁多复杂，在制作过程中，对设计师在图形形态、色彩搭配以及整体感觉的把握等方面能力要求较高；反之，对技术的要求并不太高，主要是结合绘制形状、绘制路径以及渐变填充功能即基本可以完成。

但需要注意的是，在制作过程中，对图形的绘制能力要求很高，尤其在绘制曲线图形时，一定要保证弧度的自然、平滑，否则会大大地影响整体效果。

另外，该作品中很多图形的形态是基本相同的，所以在制作过程没必要每个图形都一一绘制出来，而可以巧妙地通过复制路径或图层的方式，改变其填充的单色渐变，再使用变换功能改变一下图形的形态，即可大大地节省绘制图形所花费的时间。

〉操作步骤

① 按Ctrl+N键新建一个文件，设置弹出的对话框（如图1.184所示），单击"确定"按钮退出对话框，以创建一个新的空白文件。设置前景色为黑色，按Alt+Delete键填充前景色，得到如图1.185所示的效果。

图1.184 "新建"对话框

图1.185 填充前景色后的效果

② 选择钢笔工具 ✍️，在工具选项条上单击路径按钮 🔛，在图像中绘制如图1.186所示的路径。单击创建新的填充或调整图层按钮 ⬭，在弹出的菜单中选择"纯色"命令，然后在弹出的"拾取实色"对话框中设置其颜色值为400f05，得到如图1.187所示的效果，同时得到图层"颜色填充1"。选择"背景"图层。

▶ |**提示**| 下面将依靠可乐瓶子作为参照点，绘制由瓶子喷射出来的矢量图形。

③ 选择钢笔工具 ✍️，在工具选项条上单击路径按钮 🔛，在可乐瓶口处绘制如图1.188所示的路径。

图1.186 绘制可乐瓶子的路径

图1.187 执行"纯色"后的效果

图1.188 绘制瓶口处的路径

④ 单击创建新的填充或调整图层按钮 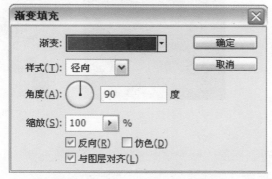（此处为小按钮图标），在弹出的菜单中选择"渐变"命令，在弹出的对话框中，单击渐变类型选择框，在弹出的"渐变编辑器"对话框设置颜色值为511006和9a1300，设置"渐变填充"对话框（如图1.189所示），得到如图1.190所示的效果，同时得到图层"渐变填充 1"。

图1.189 "渐变填充"对话框

图1.190 执行"渐变填充"命令后的效果

⑤ 按照步骤③～④的方法绘制图层"渐变填充 2"，其中绘制的路径如图1.191所示，"渐变编辑器"对话框中设置的颜色值为7d2f26和490a02，设置"渐变填充"对话框（如图1.192所示），得到如图1.193所示的效果。

图1.191 绘制花形路径

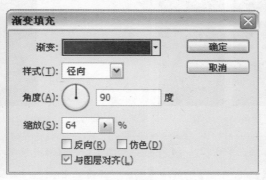

图1.192 "渐变填充"对话框

图1.193 执行"渐变填充"命令后的效果

⑥ 按照步骤②的方法绘制图层"颜色填充 2"，其中绘制的路径如图1.194所示，"拾取实色"对话框中颜色值的设置为cf2704，得到如图1.195所示的效果。

图1.194 绘制卷纹路径

图1.195 执行"渐变填充"后的效果

⑦ 按照相同的方法绘制"渐变填充 3"和"颜色填充 3"，得到如图1.196所示的效果。选择图层"渐变填充 1"，按住Shift键单击图层"颜色填充 3"的图层名称以将二者之间的图层选中，按Ctrl+G键将选中的图层编组，得到"组1"。此时"图层"面板的状态如图1.197所示。

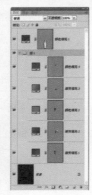

图1.196 制作另外两个色块　　图1.197 "图层"面板

| 提示 | 按照前面所介绍的方法，继续绘制其他的颜色块。

⑧ 按照相同的方法绘制图层组"组 2"，得到图层"渐变填充 4"～"渐变填充 9"和图层"颜色填充 4"，其制作过程如图1.198所示，整体效果如图1.199所示。

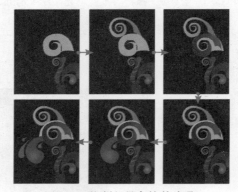

图1.198 绘制矢量色块的步骤　　图1.199 绘制后的整体效果

| 提示 | 由于基本绘制方法在步骤②～④中已经介绍过，思路就是绘制路径然后添加渐变或者纯色填充图层，因此在此处不再详细介绍。读者可以根据自己对颜色和矢量形态的理解灵活设置参数，也可以参照本例的颜色设置参数。

⑨ 按照相同的方法继续绘制图层组"组 3"，得到图层"渐变填充 10"～"渐变填充 20"和图层"颜色填充 5"～"颜色填充 9"，其制作基本过程如图1.200所示，整体效果如图1.201所示。

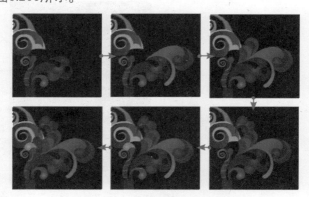

图1.200 绘制矢量色块的流程　　图1.201 绘制后的整体效果

⑩ 绘制图层"颜色填充 10"～"颜色填充 12"，得到如图1.202所示的效果。

⑪ 设置前景色的颜色值为f10b05，选择椭圆工具 ⬭，在工具选项条上单击形状图层按钮 🔲，按住Shift键在图像中绘制正圆，如图1.203所示，同时得到"形状 1"。在工具选项条上单击添加到形状区域按钮 🔲，继续在图像中绘制正圆，直至得到如图1.204所示的效果。

图1.202 绘制右上角   图1.203 绘制圆形形状   图1.204 继续绘制形状
　　　　　的色块

⑫ 按住Ctrl键分别单击"颜色填充 10"～"颜色填充 12"的图层名称，将"颜色填充 10"和"形状 1"之间的图层选中，按Ctrl+G键为其编组，得到"组 4"。

▶ | 提示 | 绘制到这里，将要为"渐变填充21"添加图层样式以增加其立体效果。

⑬ 按照步骤③～④的方法在图像右上角绘制"渐变填充 21"，如图1.205所示。单击添加图层样式按钮 fx，在弹出的菜单中选择"斜面和浮雕"命令，设置弹出的对话框（如图1.206所示），得到如图1.207所示的效果。

 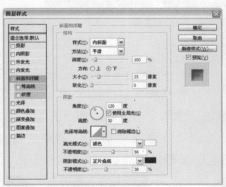 

图1.205 绘制红色色块   图1.206 "斜面和浮雕"对话框   图1.207 应用"斜面和浮雕"
　　　　　　　　　　　　　　　　　　　　　　　　　　　　　　　　　　　　　后的效果

▶ | 提示 | 按照前面的方法继续绘制颜色块。

⑭ 按照前面介绍的方法绘制图层组"组 5"，得到图层"渐变填充 22"～"渐变填充 31"和图层"颜色填充 13"～"颜色填充 15"，其制作基本过程如图1.208所示，整体效果如图1.209所示。将图层"渐变填充 21"拖入"组 5"中最下方，选择"组 5"。

图1.208 绘制矢量色块的过程　　　　　　　　　图1.209 绘制后的效果

⑮ 绘制图层组"组 6"，得到图层"渐变填充 32"～"渐变填充 34"、"颜色填充 16"、"颜色填充 17"，其制作基本过程如图1.210所示，整体效果如图1.211所示。

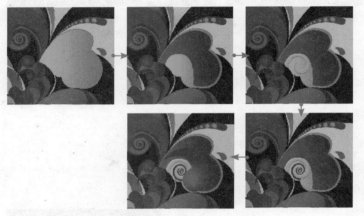

图1.210 绘制矢量色块的基本过程　　　　　　　图1.211 整体效果

▶ |提示| 主体的图像绘制完成后，下面添加文字及辅助色块。

⑯ 选择图层"颜色填充 1"，选择横排文字工具 T，设置前景色的颜色值为11d4ee，并在其工具选项条上设置适当的字体和字号，在图像下方输入文字，如图1.212所示。

⑰ 按照步骤②～④的方法绘制"渐变填充 35"、"渐变填充 36"，得到图像的最终效果如图1.213所示，"图层"面板的状态如图1.214所示。

图1.212 输入文字　　　　　　　图1.213 最终效果图像　　　　　　　图1.214 "图层"面板

> | **提示** | 本节最终效果为随书所附光盘中的文件"第1章\1.6.psd"。

> ## 技能总结

- 应用路径工具绘制路径。
- 使用纯色和渐变填充图层为路径填充色彩。
- 应用形状工具绘制形状。
- 应用"斜面和浮雕"命令，制作图像的立体效果。

1.7 酒吧开业海报设计

> ## 基本信息

学习难度：★★

主要技术：绘制图形、混合模式、渐变填充图层、画笔绘图、图层蒙版、图层样式

图层数量：28

通道数量：0

路径数量：0

> ## 设计解析

本例是以酒吧开业为主题的海报设计作品。在制作的过程中，主要以处理人物手中的招牌图像为核心内容。招牌中舞动的剪影身姿以及醒目的文字，激发人们动起来的热情，加上开业的日期呼应主题，达到宣传的目的。

> ## 设计流程解析

用图1.215所示的流程图对制作过程进行了示意，并在下面分别解析各个制作步骤。

(a) 背景　　　　　　　　(b) 剪影　　　　　　　　(c) 文字

图1.215 设计流程示意图

| 背景 |

本例主要是以一个简洁的暖色渐变作为背景，同时，为了突出酒吧的气氛，背景顶部专门留出一定的空间，展示了一群青年男女在一起的欢乐场面。

| 剪影 |

剪影图像位于渐变背景中，是本例要重点制作的内容，同时也是广告中用于更好地渲染气氛的重要内容。由于背景的上方还要摆放大量的说明文字，因此剪影图像不宜太过抢眼，否则将导致前面的文字无法看清楚等情况发生。

在制作过程中，主要是通过绘制路径及填充单色或渐变制作出各个剪影，然后使用混合模式将它们融合在一起，给人一种人影交错、热闹非凡的感觉，从而更好地引发浏览者的共鸣。

| 文字 |

对于一幅酒吧的宣传广告而言，其文字在编排上可多使用一些比较新鲜、特殊的字体——当然，字体本身应给人一种个性化的感觉，同时又不失编排的美感。

另外，由于文字内容较多，那么编排文字时，对设计师的版面安排、重要信息的表现等能力都有较高的要求。

❯操作步骤

① 按Ctrl+N键新建一个文件，设置弹出的对话框（如图1.216所示），单击"确定"按钮退出对话框，以创建一个新的空白文件。

② 打开随书所附光盘中的文件"第1章\1.7-素材1.psd"，使用移动工具 将其拖至上一步新建的文件中，得到"图层1"。按Ctrl+T键调出自由变换控制框，按Shift键向内拖动控制句柄以缩小图像及移动位置，按Enter键确认操作。得到的效果如图1.217所示。

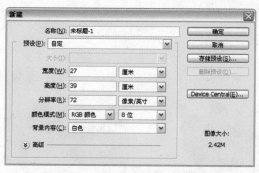

图1.216 "新建"对话框

图1.217 调整素材的图像

▶ | 提示 | 至此，人物图像已制作完成。下面模拟招牌图像。

③ 选择钢笔工具 ，在工具选项条上单击路径按钮 ，在人物头部的下方绘制如图1.218所示的路径。单击创建新的填充或调整图层按钮 ，在弹出的菜单中选择"渐变"命令，设置弹出的对话框（如图1.219所示），单击"确定"按钮退出对话框，隐藏路径后的效果如图1.220所示，同时得到图层"渐变填充1"。

图1.218 在人物头部下方　　图1.219 "渐变填充"对话框　　图1.220 应用"渐变填
绘制路径　　　　　　　　　　　　　　　　　　　　　　充"后的效果

> |提示| 在"渐变填充"对话框中，渐变类型为"从ffbe01到f15b1a"。下面制作手图像，模拟手拿招牌的状态。

④ 按照第②步的操作方法，利用随书所附光盘中的文件"第1章\1.7-素材2.psd"，结合移动工具 ⊹ 及变换功能，制作招牌上方的手图像，如图1.221所示，并将得到的图层重命名为"图层2"。

> |提示| 下面利用画笔工具 ✎ 制作手与招牌间的接触感。

⑤ 新建"图层3"，将其拖至"图层2"下方，设置前景色为黑色，选择画笔工具 ✎，并在其工具选项条中设置画笔为"柔角35像素"，不透明度为50%，在手图像下方进行涂抹，得到的效果如图1.222所示。设置当前图层的不透明度为60%，以降低图像的透明度，得到的效果如图1.223所示。

图1.221 制作手图像　　图1.222 在手图像下方涂抹　　图1.223 设置不透明度后的效果

> |提示| 下面结合路径及渐变填充图层的功能，制作招牌中的人物剪影图像。

⑥ 选择自定形状工具 ⌂，并在其工具选项条中单击路径按钮 ⊡，打开随书所附光盘中的文件"第1章\1.7-素材3.csh"，在画布中单击右键在弹出的形状显示框中选择刚刚打开的形状，在招牌的下方绘制如图1.224所示的人物路径。

⑦ 选择"图层2"作为当前的工作层。单击创建新的填充或调整图层按钮 ⬤，在弹出的菜单中选择"渐变"命令，设置弹出的对话框（如图1.225所示），单击"确定"按钮退出对话框，隐藏路径后的效果如图1.226所示，同时得到图层"渐变填充2"。

图1.224 绘制人物路径　　　　图1.225 "渐变填充"对话框　　　图1.226 应用"渐变填充"后的效果

▶ |提示| 在"渐变填充"对话框中，渐变类型为"从ffb400到f54002"。

⑧ 选择自定形状工具 🖤，并在其工具选项条中单击形状图层按钮 🔳，打开随书所附光盘中的文件"第1章\1.7-素材4.csh"，并选择刚刚打开的形状，在招牌的右侧绘制如图1.227所示的人物形状，得到"形状1"。

⑨ 设置"形状1"的混合模式为"叠加"，以混合图像，得到的效果如图1.228所示。

图1.227 绘制人物形状　　　　图1.228 设置"叠加"后的效果

⑩ 单击添加图层样式按钮 *fx*，在弹出的菜单中选择"外发光"命令，设置弹出的对话框（如图1.229所示），得到的效果如图1.230所示。"图层"面板如图1.231所示。

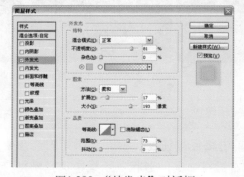

图1.229 "外发光"对话框　　　图1.230 制作发光效果　　图1.231 "图层"面板

|提示| 在"外发光"对话框中，颜色块的颜色值为ffd200。为了方便图层的管理，在此将制作背
▶ 景的图层选中，按Ctrl+G键执行"图层编组"操作得到"组1"，并将其重命名为"背景"。在下面的操作中，笔者也对各部分进行了编组的操作，在步骤中不再叙述。下面制作主题文字图像。

⑪ 选择横排文字工具 T，设置前景色的颜色值为白色，并在其工具选项条上设置适当的字体和字号，在剪影图像上输入文字，如图1.232所示，同时得到相应的文字图层"Party"。

⑫ 单击添加图层样式按钮 *fx*，在弹出的菜单中选择"投影"命令，设置弹出的对话框（如图1.233所示），得到的效果如图1.234所示。

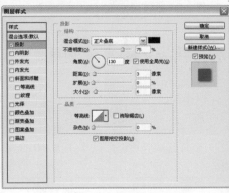

图1.232 输入文字"Party" 　图1.233 "投影"对话框 　图1.234 制作投影效果

⑬ 按照第⑪步的操作方法，利用横排文字工具 T，输入其他文字，如图1.235所示。并得到相应的文字图层"革命"和"吃喝玩乐总动员！"。

▶ | 提示 | 下面结合形状工具以及其运算等功能，制作文字两侧的装饰图像。

⑭ 选择圆角矩形工具 ▢，在其工具选项条上单击形状图层按钮 ▢，并设置"半径"数值为50px，在文字的左侧绘制如图1.236所示的形状，得到"形状2"。

⑮ 选择"形状2"矢量蒙版缩览图，按Ctrl+Alt+T键调出自由变换并复制控制框，按Shift键向内拖动控制句柄以缩小图像及移动位置，按Enter键确认操作。然后在圆角矩形工具 ▢ 选项条中单击从形状区域减去按钮 ▢，得到的效果如图1.237所示。

图1.235 输入文字 　图1.236 绘制椭圆形状 　图1.237 复制及调整椭圆

⑯ 利用路径选择工具 ▶ 配合Shift键将上两步得到的图像全部选中，按Alt+Shift键水平移向文字的右侧，利用自由变换控制框进行水平翻转，得到的效果如图1.238所示。隐藏路径后的效果如图1.239所示。

⑰ 单击添加图层蒙版按钮  为"形状2"添加蒙版；设置前景色为黑色，选择画笔工具
，在其工具选项条中设置适当的画笔大小及不透明度，在图层蒙版中进行涂抹，以将
两端的图像隐藏起来，直至得到如图1.240所示的效果。"图层"面板如图1.241所示。

图1.238 制作另外一个椭圆 图1.239 隐藏路径后的状态 图1.240 隐藏两端 图1.241 "图层"面板
的图像

> | 提示 | 至此，主题文字图像已制作完成。下面制作其他说明文字，完成制作。

⑱ 打开随书所附光盘中的文件"第1章\1.7-素材5.psd"，按Shift键使用移动工具 ▶⊕ 将其拖至
上一步制作的文件中，得到的最终效果如图1.242所示。"图层"面板如图1.243所示。

图1.242 最终效果 图1.243 最终"图层"面板

> | 提示1 | 本步骤中笔者是以组的形式给出素材的，其操作非常简单，但在叙述上略显烦琐，
> 读者可以参考最终效果源文件进行参数设置，展开组即可观看到操作的过程。

> | 提示2 | 本节最终效果为随书所附光盘中的文件"第1章\1.7.psd"。

〉技能总结

- 结合路径以及渐变填充图层的功能制作图像的渐变效果。
- 应用画笔工具 ✐ 绘制图像。
- 使用形状工具绘制形状。
- 通过设置图层属性以混合图像。
- 通过添加图层样式，制作图像的发光、投影等效果。
- 利用图层蒙版功能隐藏不需要的图像。

1.8 个人音乐会宣传招贴

> **基本信息**

学习难度：★

主要技术：画笔绘图、滤镜、填充图案、图层样式

图层数量：25

通道数量：0

路径数量：0

> **设计解析**

在本例中，以人物图像为主题，制作一幅音乐会宣传招贴作品。在制作的过程中，以花纹的叠加衬托主题图像，加上文字的点缀突出主题。

> **设计流程解析**

用图1.244所示的流程图对制作过程进行了示意，并在下面分别解析各个制作步骤。

（a）基本图像　　　　　　　　（b）花纹　　　　　　　　（c）文字

图1.244 设计流程示意图

基本图像

本例以带有斜线线条的渐变作为背景，以一位沉醉于音乐中的指挥家作为广告的主体，彰显一种纯正、专业的视觉感受。

在制作过程中，背景中的斜线线条使用了自定义的图案素材进行填充，并设置了适当的透明属性。对于其中的人物图像，则结合了滤镜及混合模式功能，对其进行了锐化处理，以显示出更多的图像细节。

花纹

花纹是广告画面中的一大亮点，优雅的图形、不羁的喷溅，将其围绕在人物图像的周围，整体给人以典雅、有激情的感觉。

制作该花纹主要是使用两幅华丽的花纹素材图像，通过复制及变换等方法，将它们分布于不同的位置，然后使用图层样式为其叠加渐变，直至使其围绕在人物周围；至于画面中的喷溅图像，则是使用了特殊的画笔素材进行绘制的。

| 文字 |

本例在文字的编排上比较有特色，即文字内容占据了整个广告一半的篇幅，甚至容易被人误以为会影响到左侧的主体图像。但实际上，左侧以人物及华丽的花纹为主体构成，从视觉而言，右侧的文字会抢占主体的位置，虽然文字本身确实有些大，但从另一方面来说，这也更容易让浏览者在更少的时间内了解到广告所宣传的内容。所以，二者之间的利弊并非绝对，可视自己或客户的喜好进行适度的更改。

❯操作步骤

① 按Ctrl+N键新建一个文件，设置弹出的对话框如图1.245所示，单击"确定"按钮退出对话框，以创建一个新的空白文件。

> | 提示 | 首先结合"渐变填充"及"填充"命令制作背景图像。

图1.245 "新建"对话框

② 单击创建新的填充或调整图层按钮，在弹出的菜单中选择"渐变"命令，在弹出的对话框中，单击渐变类型选择框，在弹出的对话框中设置渐变类型为从"000000到8b0303"，单击"确定"按钮返回到"渐变填充"对话框，设置如图1.246所示，单击"确定"按钮确定设置，得到"渐变填充 1"，得到如图1.247所示的效果。

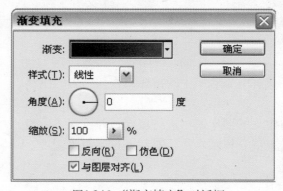

图1.246 "渐变填充"对话框

图1.247 应用"渐变填充"后的效果

③ 新建"图层1"，选择"编辑"→"填充"命令，在弹出的对话框进行如图1.248所示的设置，得到如图1.249所示的效果（局部）。设置此图层的填充为36%，得到的效果如图1.250所示。

| 提示 | 本步骤所选择的画笔可通过单击图案显示框右上角三角按钮 ▶，在弹出的菜单中选择"载入图案"选项，在弹出的对话框中选择随书所附光盘中的文件"第1章\1.8-素材1.pat"。

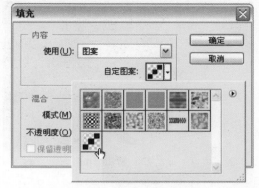

图1.248 "填充"对话框

图1.249 应用"填充"后的效果

图1.250 设置填充后的效果

| 提示 | 下面结合"高反差保留"滤镜及混合模式制作主题人物图像。

④ 打开随书所附光盘中的文件"第1章\1.8-素材2.psd"，使用移动工具 将其拖至刚制作文件中，得到"图层 2"。按Ctrl+T键调出自由变换控制框，按Shift键向内拖动控制句柄以缩小图像并置于当前文件左侧，按Enter键确认操作，得到的效果如图1.251所示。

图1.251 调整素材2的图像

⑤ 复制"图层 2"得到"图层 2 副本"，选择"滤镜"→"其他"→"高反差保留"命令，在弹出的对话框中设置参数，得到如图1.252所示的效果。设置当前图层的混合模式为"叠加"，得到的效果如图1.253所示。

| 提示 | 在本步骤中应用"高反差保留"命令应用加强边缘的效果。

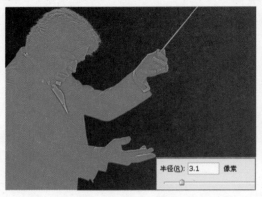

图1.252 应用"高反差保留"后的效果

图1.253 设置混合模式后的效果

> **| 提示 |** 下面介绍使用画笔工具 ✐ 制作特殊的纹理效果。

⑥ 选择画笔工具 ✐，按F5键调出"画笔"面板，单击右上角面板按钮 ▾═，在弹出的菜单中选择"载入画笔"命令，在弹出的对话框中选择打开随书所附光盘中的文件"第1章\1.8-素材3.abr"。

⑦ 新建"图层 3"，设置前景色的颜色值为3f6f3b，选择上一步载入的画笔在当前文件左侧单击一下得到如图1.254所示的效果。

⑧ 单击添加图层样式按钮 *fx*，在弹出的菜单中选择"渐变叠加"命令，设置其对话框（如图1.255所示），得到如图1.256所示的效果。将"图层 3"拖至"图层 2"下方，得到如图1.257所示的效果。

图1.254 在画布左侧单击

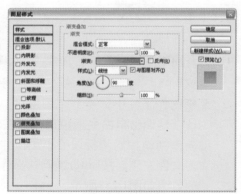

图1.255 "渐变叠加"对话框

图1.256 制作渐变效果

图1.257 调整图层顺序后的效果

> | 提示 | 在"渐变叠加"对话框中,渐变类型为"从ffae00到e4007f"。

⑨ 按照第⑥~⑦步的操作方法,载入随书所附光盘中的文件"第1章\1.8-素材4.abr"。新建"图层 4",在当前文件上方单击一下,如图1.258所示。将光标置于"图层 3"指示图层效果图标上按Alt键拖至"图层 4"以复制图层样式,得到的效果如图1.259所示。

图1.258 涂抹效果

图1.259 复制图层样式后的效果

> | 提示 | 下面结合素材图像来装饰整个图像,使其从视觉上看起来更美观。

⑩ 打开随书所附光盘中的文件"第1章\1.8-素材5.psd",使用移动工具 ✛ 拖至刚制作文件中,得到"图层 5"。结合自由变换控制框调整图像大小及位置,如图1.260所示。

图1.260 调整素材5的图像

⑪ 单击添加图层样式命令按钮 fx ,在弹出的菜单中选择"渐变叠加"命令,设置其对话框(如图1.261所示),得到如图1.262所示的效果。

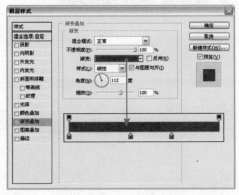

图1.261 "渐变叠加"对话框

图1.262 制作花纹的渐变效果

> | 提示 | 在"渐变叠加"对话框中,渐变类型各色标值从左至右分别为7c0303、6c1116、740202。

⑫ 按照第⑩~⑪步操作方法，打开随书所附光盘中的文件"第1章\1.8-素材6.psd"，使用自由变换控制框调整图像大小及位置，并添加"渐变叠加"图层样式，设置其对话框（如图1.263所示），得到如图1.264所示的效果。"图层"面板如图1.265所示。

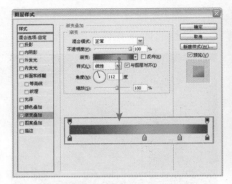

图1.263 "渐变叠加"对话框

图1.264 添加图层样式后的效果

图1.265 "图层"
面板

⑬ 选择"图层2 副本"，按照第⑥步的操作方法载入随书所附光盘中的文件"第1章\1.8-素材7.abr"。 新建"图层7"，设置前景色的颜色值为 c3251a，选择所载入的画笔在当前文件左下角单击一下，如图1.266所示。

⑭ 选中"图层5"和"图层6"复制得到其副本，并将得到的副本图层拖至所有图层上方。使用自由变换控制框调整图像大小及位置，得到的效果如图1.267所示。

图1.266 在画布的左下角单击

图1.267 复制及调整图像

⑮ 结合文字工具、素材图像、图层样式完成本例的最终效果，如图1.268所示。"图层"面板如图1.269所示。

图1.268 最终效果

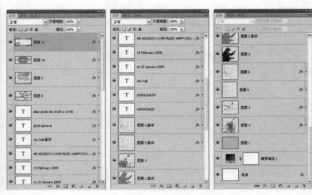

图1.269 "图层"面板

| 提示1 | 本步骤为文字添加了"投影"图层样式，设置其对话框（如图1.270所示）。为素材图像添加了"外发光"图层样式，设置其对话框（如图1.271所示）。所应用的素材为随书所附光盘中的文件"第1章\1.8-素材8.psd"～"第1章\1.8-素材11.psd"。

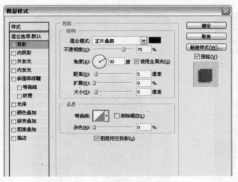

图1.270　"投影"对话框

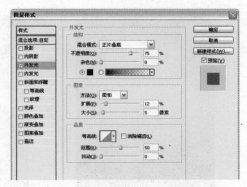

图1.271　"外发光"对话框

| 提示2 | 本节最终效果为随书所附光盘中的文件"第1章\1.8.psd"。

技能总结

- 使用特殊画笔绘制喷溅图像。
- 利用"高反差保留"命令结合混合模式加强图像边缘效果。
- 使用图层样式为图像叠加色彩。
- 使用"填充"命令填充图案。

1.9 埃及文化展览招贴

基本信息

学习难度：★★★

主要技术：混合模式、滤镜、图层蒙版、图层样式、画笔绘图

图层数量：17

通道数量：0

路径数量：0

设计解析

　　此作品最为突出的特点是，体现埃及文化的特色，背景是将多幅素材图像进行处理并使其融合在一起而形成的埃及底韵效果，然后再通过处理埃及建筑素材图像来制作突显埃及文

化的效果，主体是通过素材图像来制作肌理效果。

设计流程解析

用图1.272所示的流程图对制作过程进行了示意，并在下面分别解析各个制作步骤。

(a) 背景　　　　　　　　(b) 主体图像　　　　　　　　(c) 文字

图1.272 埃及文化展览招贴设计流程示意图

| 背景 |

由于该广告是宣传历史文化展，因此采用了怀旧且略带残破感的表现风格，以给人一种历史的厚重感。在制作过程中，主要是使用滤镜功能制作背景的聚光效果，再结合残破的纹理图像、不规则的字母排列进行融合处理。

| 主体图像 |

埃及拥有为世人所知的几项文明，为了便于构图和表现，设计师挑选了其中最具有代表性的金字塔和狮身人面像，搭配成一前一后的构图形式，并增加投影效果为二者之间增加层次感，再配合简单的图形及古文装饰，完成了主体图像的制作。

| 文字 |

在本例的广告中，仅排列了一些简单、必要的文字元素，为配合整体的风格，文字都不同程度地带有着投影、怀旧色彩的渐变等简单特效。

操作步骤

① 打开随书所附光盘中的文件"第1章\1.9-素材.psd"，其中包括此例的所有素材，其"图层"面板如图1.273所示。

▶ | 提示 | 下面结合渐变填充、滤镜以及图层属性等功能，制作背景效果。

② 首先制作渐变背景，隐藏除"背景"图层以外的所有图层。单击创建新的填充或调整图层按钮 ，在弹出的菜单中选择"渐变"命令，如图1.274所示设置弹出的对话框，得到如图1.275所示的效果，同时得到图层"渐变填充 1"。

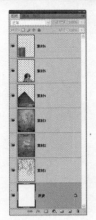 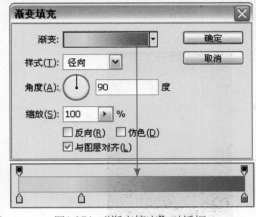 

图1.273 "图层"面板　　图1.274 "渐变填充"对话框　　图1.275 应用"渐变填充"后的效果

| 提示 | 在"渐变填充"对话框中，渐变类型各色标的颜色值从左至右分别为fffd47、ffee5c 和7e6c47。下面制作具有杂点的纹理。

③. 在"渐变填充 1"图层名称上单击右键，在弹出的菜单中选择"转换为智能对象"命令，并重命名为"图层 1"。

| 提示 | 将"渐变填充 1"转换为智能对象的目的是方便应用滤镜，可以更改滤镜参数，从而制作其他的需要的效果。

④ 选择"滤镜"→"杂色"→"添加杂色"命令，设置弹出的对话框（如图1.276所示），得到如图1.277所示的效果。

⑤ 按Ctrl+J键复制"图层 1"得到"图层 1 副本"，设置其混合模式为"线性加深"，得到如图1.278所示的效果。此时的"图层"面板状态如图1.279所示。

   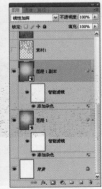

图1.276 "添加杂色"对话框　　图1.277 "添加杂色"后的效果　　图1.278 设置混合模式后的效果　　图1.279 "图层"面板

| 提示 | 下面为背景图像添加光源效果。

⑥ 新建一个图层得到"图层 2"，设置前景色的颜色为白色，选择画笔工具，并在其工具选项条中设置适当的画笔大小及不透明度，在背景图像右上方涂抹，直至得到如图1.280所示的效果。设置"图层 2"的不透明度为89%，得到如图1.281所示的效果。

> **| 提示 |** 为了方便读者观看涂抹的效果，图1.282所示为隐藏其他所有图层后的效果，并将白色暂时设置为红色。

图1.280 画笔涂抹后的效果

图1.281 设置不透明度后的效果

图1.282 单独显示图像状态

> **| 提示 |** 下面通过设置图层属性，将文字素材图像与背景联系在一起。

⑦ 显示"素材1"，并将其重命名为"图层 3"。设置其混合模式为"滤色"，不透明度为56%，得到如图1.283所示的效果。

⑧ 显示"素材2"，并将其重命名为"图层 4"。设置其混合模式为"正片叠底"，不透明度为63%，得到如图1.284所示的效果。

⑨ 单击添加图层蒙版按钮 为"图层 4"添加蒙版，设置前景色为黑色，选择画笔工具，在其工具选项条中设置适当的画笔大小及不透明度，在当前画布上方发光位置进行涂抹，以将覆盖发光位置的素材图像隐藏起来，直至得到如图1.285所示的效果。图层蒙版状态如图1.286所示。

图1.283 设置图层属性后的效果1

图1.284 设置图层属性后的效果2

图1.285 隐藏多余的图像

图1.286 图层蒙版状态

> **| 提示 |** 在使用画笔工具涂抹时，要不断更改画笔的大小，以将发光图像显示出来，使肌理更加自然。下面继续处理素材图像，使背景上的肌理更加自然。

⑩ 显示"素材3"，并将其重命名为"图层 5"。设置其混合模式为"柔光"，不透明度为85%，得到如图1.287所示的效果。

> **| 提示 |** 在为素材图像设置不透明度时，为了赋予背景上的肌理的自然程度，可以更改不透明度数值的大小，以得到更好的效果。下面调整物体图像的效果。

图2.2 写实性修饰

另外，有些人像则要求略带超写实效果的电修，以满足照片的特殊应用需求，此时可以忽略部分人像的细节，如图2.3所示。

图2.3 略带超写实效果的电修

2.1.2 场景电修

相对而言，场景的电修与其他的修饰有所区别，即修饰工作的比重有所下降，而以合成工作作为重点，以表现场景的气氛、光线等属性，最常见的用途就是模拟一些很难直接拍摄得到或较为理解化的照片，如图2.4所示。

图2.4 场景照片修饰

续图2.4

2.1.3 气氛渲染电修

在人像的电修工作中，除了对人像本身进行修饰处理外，有一些还涉及了对整体场景的美化及艺术渲染，这又是一个对修图师在合成、光影以及透视等方面能力的考验。

从工作内容上来看，此类电修属于介乎于人像及场景电修之间的工作，因此需要设计师具有一个比较丰富的电修工作经验，以及全面、周到的画面修饰技巧。图2.5中是一些典型的作品。

图2.5 对环境进行修饰处理的典型示例

2.1.4 产品电修

产品电修也是比较常见的修图工作之一，而且越是高档的产品，对电修质量的要求就越高，甚至一个复杂的电修工作，需要一个人花费一周甚至更长的时间，才能够得到满意的效果。

以汽车产品为例，通常都要求充分表现出汽车表面的金属感，要求反光要干净、利落。当汽车被置于场景中时，根据环境的复杂程度，电修的难度也大幅增加，原因就在于，需要考虑到汽车表现对环境的反射等细节——使用相机拍摄得到的照片细节，通常是无法使用的，它很难达到美观程度的要求，此时，照片的意义就在于给修图师一个光影、反射等方面的参考，然后还需要重新在影棚中按照该角度，重新拍摄一个布光较好的汽车，最后再由修图师参考原照片，重新进行合成及美化处理，这对修图师而言绝对是一个对技术、审美、环境模拟以及工作经验等多方面能力的挑战。

在我们身边，大多数的产品图片都或多或少地做过电修，使其看起来更加的吸引人，进而达到宣传产品的目的。图2.6中是一些较为常见的产品电修前后对比效果。

图2.6 产品电修前后的效果对比

图2.7中是另一些处理完成的产品电修作品。

图2.7　产品电修完成作品示例

2.2　人物头像精修处理

> **基本信息** //

学习难度：★★★★

主要技术：　仿制图章工具、滤镜、画笔绘图、混合模式

图层数量：8

通道数量：0

路径数量：0

> **设计解析** ///

　　在照片精修中，人物头像的精修是最具难度的工作之一。原因就在于，此时的照片能够非常清晰地呈现人物头部的各方面细节——当然也包括其中的各种瑕疵，因此在修饰时，对

修饰的精度要求比较高。在本例中，我们将通过一个人物头像精修的实例，来介绍修饰其各方面瑕疵的操作方法。

设计流程解析

用图2.8所示的流程图对制作过程进行了示意，并在下面分别解析各个制作步骤。

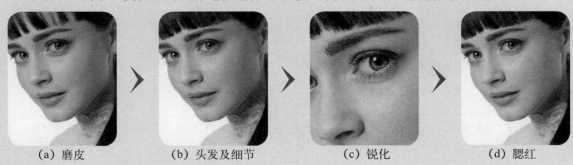

（a）磨皮　　　　　　（b）头发及细节　　　　　（c）锐化　　　　　　（d）腮红

图2.8 人物头像精修流程示意图

| 磨皮 |

磨皮是一类补修图像所通用的术语，主要是指对人物的皮肤进行各种修饰处理，以达到真实或艺术化的皮肤效果。在本例中，我们是以仿制图章工具为主，通过将图像放大到较高的显示比例，以尽可能详尽地观察到皮肤细微之处的瑕疵，然后对其进行修复。

| 头发 |

在本例中，人物的头发显得缝隙过大，所以我们使用仿制图章工具对图像进行复制，从而将弥补起来。需要注意的是，在复制头发时，需要兼顾头发的美观性和自然性。

| 锐化 |

通过锐化处理可以显示出更多的图像细节内容，使照片看起来更加细腻，比较常用的锐化滤镜包括"USM锐化"、"智能锐化"等。

需要注意的是，在锐化时切不可强度太大，否则很容易出现生硬的锐边。

| 腮红 |

为了让人物的面色看起来更加红润，我们可以使用画笔工具并设置适当的颜色，在人物面部涂抹，然后设置适当的混合模式及不透明度即可。

操作步骤

① 打开随书所附光盘中的文件"第2章\2.2-素材.psd"，如图2.9所示。

② 首先，我们来修除人物面部比较明显的斑点。新建一个图层得到"图层1"，选择污点修复画笔工具并设置其工具选项条的参数，在人物面部明显的斑点处单击，直至将其修除，图2.10所示是修除前后的效果对比。

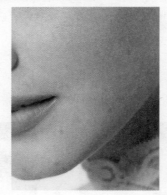
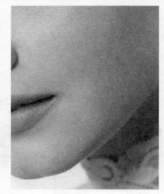

图2.9 素材图像   图2.10 局部修复效果对比

> **提示** 下面将细致地修饰人物面部的皮肤，在修饰前，需要先将显示比例放大至400%～500%，以便于较好地观察到面部的斑点、瑕疵。

③ 选择仿制图章工具 并设置其工具选项条的参数 ，按住Alt键在皮肤较好的位置单击以定义源图像，然后在要修饰的斑点位置进行涂抹，如此反复，直到修饰得到满意的效果为止。下面分别展示几处修饰前后的效果对比，图2.11和图2.12所示是在500%的显示比例下，不同面部图像的修饰对比，图2.13所示是查看图像整体效果时的效果对比，图2.14所示是将显示比例设置为100%时的局部效果对比。

图2.11 在500%显示比例下的局部效果对比1   图2.12 在500%显示比例下的局部效果对比2

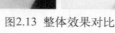

图2.13 整体效果对比   图2.14 在100%显示比例下的局部效果对比

> **|提示|** 在修饰过程中，应随时恢复到较小的显示比例及100%比例查看整体效果，以避免由于视角比较小，导致修饰得到的图像产生偏差，甚至出现大面积的色块等不良后果。

④ 下面进行人物头发缝隙的修补。新建一个图层得到"图层2"，仍然是使用仿制图章工具 🖾，并在其工具选项条上设置适当的画笔大小，在完整的头发上定义源图像，然后在有缝隙的图像处进行涂抹，以将其补充完整，直至得到如图2.15所示的效果。

图2.15 修复头发缝隙前后的效果对比

⑤ 新建一个图层得到"图层3"，下面进行人物眼睛红血丝的修饰。按照上一步骤的方法，使用仿制图章工具 🖾 在眼白的位置单击以定义源图像，然后在有红血丝的位置进行涂抹，直至将其修除为止，图2.16所示是修除前后的效果对比。

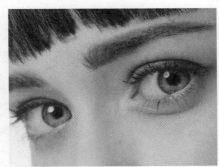

图2.16 修饰红血丝前后的效果对比

⑥ 新建一个图层得到"图层4"，下面可以继续使用仿制图章工具 🖾 对人物面部的一些细节进行修饰，图2.17所示是修饰前后的效果对比，图2.18所示是将修饰的区域填充白色后的效果，以便于读者看清楚修饰的区域。

　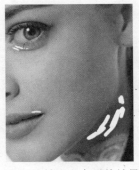

图2.17 修饰局部细节的效果对比　　　　图2.18 填充白色后的效果

⑦ 新建一个图层得到"图层5"，下面进行人物眼袋的修除。使用仿制图章工具 ▣ 并在其工具选项条上设置不透明度为30%左右，然后定义源图像并在眼袋图像上涂抹，以减轻眼袋，如图2.19所示。

图2.19 修饰眼袋前后的效果对比

▶ | 提示 | 下面对图像进行锐化处理，以显示出图像的更多细节。

⑧ 选择"图层"面板顶部的图层，按Ctrl＋Alt＋Shift＋E键执行"盖印"操作，从而将当前所有的可见图像合并至新图层中，得到"图层6"。

⑨ 选择"滤镜"→"锐化"→"USM锐化"命令，设置弹出的对话框（如图2.20所示），图2.21所示是锐化前后的局部效果对比。

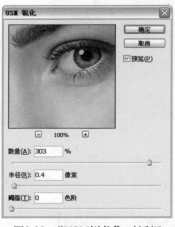

图2.20 "USM锐化"对话框   图2.21 锐化前后的效果对比

⑩ 单击添加图层蒙版按钮 ▣ 为"图层6"添加图层蒙版，设置前景色为黑色，选择画笔工具 ✎ 并设置适当的画笔大小及不透明度，在锐化过度的图像上涂抹以将其隐藏，如图2.22所示，此时蒙版中的状态如图2.23所示。

⑪ 下面为人物图像增加一些腮红。新建一个图层得到"图层7"，设置前景色的颜色值为990b0b，选择画笔工具 ✎ 并设置适当画笔大小及不透明度，在人物面部的位置进行涂抹，得到如图2.24所示的效果。

图2.22 用蒙版隐藏图像

图2.23 蒙版中的状态

图2.24 涂抹红色

12 设置"图层7"的混合模式为"滤色",不透明度为30%,得到如图2.25所示的效果,图2.26所示是本例的整体效果,此时的"图层"面板如图2.27所示。

图2.25 设置混合模式后的效果

图2.26 最终效果

图2.27 "图层"面板

> |提示| 本节最终效果为随书所附光盘中的文件"第2章\2.2.psd"。

〉技能总结 ////////////////////////////////////

- 使用仿制图章工具 🖿 精修人物皮肤。
- 使用"锐化"滤镜显示更多细节。
- 使用画笔工具 🖊 绘制图像。

2.3 专业照片修饰与润色

〉基本信息 /////////////////////////////////////

学习难度:★★★

主要技术: 调整图层、污点修复画笔工具 🖊、仿制图章工具 🖿、滤镜

图层数量:9

通道数量:1

路径数量:0

➤ 设计解析

　　对人像照片精修而言，形体与皮肤的修饰可以说是永恒不变的主题。在本例中，我们将对人物的局部造型进行校正。在皮肤处理方面，除了基本的斑点修饰外，笔者还采用滤镜与蒙版技术相结合的方式，对人物皮肤进行了高质量的平滑处理。掌握了上述技术后，可以尝试对人像整体进行更多的形体及皮肤美化处理。

➤ 设计流程解析

　　用图2.28所示的流程图对制作过程进行了示意，并在下面分别解析各个制作步骤。

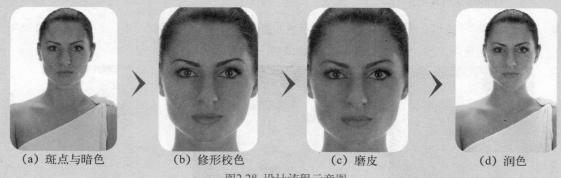

　　（a）斑点与暗色　　　　　（b）修形校色　　　　　（c）磨皮　　　　　（d）润色

图2.28　设计流程示意图

| 斑点与暗色 |

　　修除斑点是精修人像照片的基础操作，最常用的工具包括污点修复画笔工具 、仿制图章工具 等，前者较适用于面积较小的斑点，而后者则较常用于对大面积的图像进行修复。

　　另外，本例还结合调整图层及图层蒙版，对人物显得较暗的局部区域进行提亮，使皮肤看起来明暗统一。

| 修形校色 |

　　无论是模特或环境的原因，人像照片都可能或多或少地出现一些形态上的瑕疵，此时，比较常用的就是使用"液化"滤镜进行校正。

　　另外，此处还使用调整图层结合选区功能，对人物头部的颜色进行了色彩校正，使之与身体上的肤色保持一致。

| 磨皮 |

　　在对皮肤进行整体柔滑处理时，笔者是利用滤镜及混合模式功能相结合的方式，对照片整体进行处理。需要注意的是，此时眼睛、眉毛等细节也一并被平滑，所以需要利用蒙版功能将其重新显示出来。

| 润色 |

　　照片修饰完成后，应该对照片的整体色调进行调整和校正，尤其是在亮度方面，应达到比较正常的照片状态；而在色调方面，可以根据照片的不同用途，进行适当的调整。

〉操作步骤

① 打开随书所附光盘中的文件"第2章\2.3-素材.psd",如图2.29所示。

② 首先,我们对人物面部比较明显的斑点进行处理。选择污点修复画笔工具 ,并在其工具选项条上设置参数 ,然后在人物面部明显的斑点上进行单击,直至将其修除,如图2.30所示。图2.31所示是修除前后的局部效果对比。

图2.29 素材图像   图2.30 修除斑点   图2.31 修除斑点的局部对比

③ 设置前景色为白色,使用画笔工具 ,并设置"硬度"较高的画笔,在人物右侧多余的头发上进行修涂后,以将其修除,如图2.32所示。

> |提示| 至此,我们已经将一些较明显的瑕疵处理完毕,下面校正人物身体上的明暗,使其皮肤看起来比较光滑。首先,我们来对脖子下方的暗调图像进行提亮处理。

④ 选择"选择"→"色彩范围"命令,在弹出的对话框中使用吸管工具 在脖子下方图像的位置单击,然后再调整适当的"颜色容差"数值,如图2.33所示,单击"确定"按钮退出对话框,得到如图2.34所示的选区。

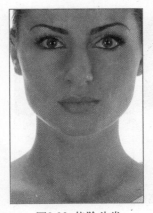
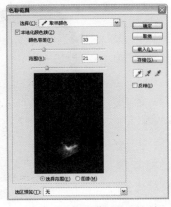
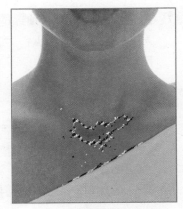

图2.32 修除头发   图2.33 "色彩范围"对话框   图2.34 创建得到的选区

⑤ 单击创建新的填充或调整图层按钮 ,在弹出的菜单中选择"曲线"命令,得到图层"曲线1",在"调整"面板中设置其参数,如图2.35所示,以调整图像的颜色及亮度,

并在选择该图层的蒙版的情况下，在"蒙版"面板中设置其"羽化"参数，如图2.36所示，得到如图2.37所示的效果。

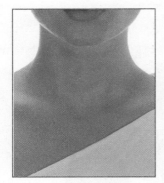

图2.35 "曲线"面板　　　　图2.36 "蒙版"面板　　　　图2.37 提亮后的效果

⑥ 按照上一步的方法，首先创建"曲线"调整图层得到"曲线2"，然后对图像进行降暗处理，如图2.38所示，选中该图层的蒙版，按Ctrl+I键反相图像，即将其中改为黑色，然后设置前景色为白色，使用画笔工具 ✐ 在人物面部过亮的区域进行涂抹，以将其调暗，得到如图2.39所示的效果，此时蒙版中的状态如图2.40所示。图2.41所示是降暗前后的效果对比。

图2.38 "曲线"　　图2.39 用蒙版隐藏　　图2.40 蒙版中的状态　　图2.41 降暗前后的效果对比
　　　　面板　　　　　　　图像

⑦ 选择"图层"面板顶部的图层，按Ctrl+Alt+Shift+E键执行"盖印"操作，从而将当前所有的可见图像合并至新图层中，得到"图层1"。

⑧ 选择减淡工具 ◔ 并在其工具选项条上设置参数 [画笔: 范围: 中间调] [中间调 曝光: 5% ▶ 保护色调]，然后在人物面部偏暗的区域进行涂抹，以将其提亮，图2.42所示是提亮前后的效果对比。

图2.42 提亮前后的效果对比

⑨ 下面修齐人物鼻翼位置。选择仿制图章工具 ♨ 并在其工具选项条设置适当的画笔大小，然后按住Alt键在人物右侧鼻翼附近的图像上单击以定义源图像，如图2.43所示，然后在鼻翼上涂抹以修除其高光，直至得到如图所2.44示的效果。

图2.43 定义原图像

图2.44 处理后的效果

10 下面修正人物的唇形。选择"滤镜"→"液化"命令，在弹出的对话框中使用向前变形工具 ，在人物唇部的左右位置进行变形处理，使其左右达到一个对称的状态，如图2.45所示。

> |**提示**|使用"液化"命令对人物形态进行塑造时，其操作方法相对简单，即以向前变形工具 为主，对人物进行变形处理，读者可以在本例介绍的校正唇形的基础上，尝试对人物的其他部分乃至整个身体进行形体修整。

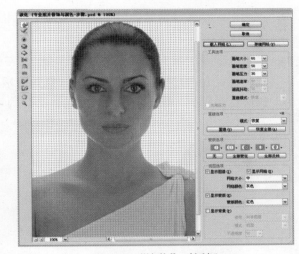

图2.45 "液化"对话框

11 确认得到满意的效果后，单击"确定"按钮退出对话框，图2.46所示是液化处理前后的效果对比。

图2.46 液化处理前后的效果对比

12 按照前面介绍的仿制图章工具 的使用方法，对人物唇部周围的斑点瑕疵进行修复，图2.47所示是修复前后的效果对比。

图2.47 对唇部周围斑点处理前后的效果对比

⑬ 下面对人物头部区域的色彩进行调整。使用磁性套索工具 沿人物的头部绘制选区，如图2.48所示。

⑭ 单击创建新的填充或调整图层按钮 ，在弹出的菜单中选择"色相/饱和度"命令，得到图层"色相/饱和度1"，在"调整"面板中设置其参数，如图2.49所示，以调整图像的颜色，得到如图2.50所示的效果，此时的"图层"面板如图2.51所示。

图2.48 绘制选区　　图2.49 "色相/饱和度"面板　　图2.50 调色后的效果　　图2.51 "图层"面板

⑮ 下面对人物的皮肤进行柔滑处理。选择"图层"面板顶部的图层，按Ctrl＋Alt＋Shift＋E键执行"盖印"操作，从而将当前所有的可见图像合并至新图层中，得到"图层2"。

⑯ 按Ctrl＋I键执行"反相"操作，从而反相图像的色彩，得到如图2.52所示的效果。选择"滤镜"→"其他"→"高反差保留"命令，在弹出的对话框中设置"半径"数值为3.7，得到如图2.53所示的效果。

⑰ 设置"图层2"的混合模式为"亮光"，得到如图2.54所示的效果。

图2.52 反相后的效果　图2.53 滤镜处理后的效果　图2.54 设置混合模式后的效果

> | **提示** | 此时，整个人物图像都被模糊了，但其中的眼睛等细节图像应该保持其原有的清晰度，下面就来解决这个问题。

18 单击添加图层蒙版按钮  为"图层2"添加图层蒙版，设置前景色为黑色，选择画笔工具 ✎ 并设置适当的画笔大小及不透明度，在人物眼睛、眉毛等表现细节的图像上涂抹以将其隐藏，从而显示出下面清晰的图像，如图2.55所示，此时蒙版中的状态如图2.56所示。图2.57所示是用蒙版编辑前后的效果对比。

图2.55 隐藏多余的图像

图2.56 蒙版状态

图2.57 用蒙版编辑前后的效果对比

> | **提示** | 至此，我们已经基本完成了对人物的修饰处理，下面来调整一下其颜色。

19 单击创建新的填充或调整图层按钮 ⬤，在弹出的菜单中选择"亮度/对比度"命令，得到图层"亮度/对比度1"，在"调整"面板中设置其参数，如图2.58所示，以调整图像的亮度及对比度，得到如图2.59所示的效果。

20 单击创建新的填充或调整图层按钮 ⬤，在弹出的菜单中选择"色彩平衡"命令，得到图层"色彩平衡1"，在"调整"面板中设置其参数，如图2.60和图2.61所示，以调整图像的颜色，得到如图2.62所示的效果。

图2.58 "亮度/对比度"面板   图2.59 调整后的效果

> | **提示** | 下面对图像进行锐化处理，以显示出更多的细节图像。

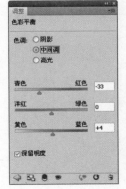

图2.60 设置"中间调"选项   图2.61 "高光"面板   图2.62 调色后的效果

21 选择"滤镜"→"锐化"→"USM锐化"命令，设置弹出的对话框如图2.63所示，得到如图2.64所示的效果，图2.65所示是锐化前后的效果对比。此时"图层"面板的状态如图2.66所示。

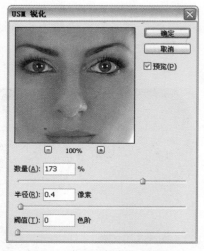

图2.63 "USM锐化"对话框

图2.64 锐化后的效果

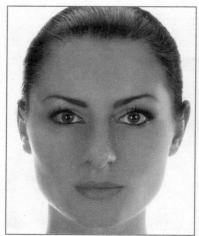

图2.65 处理前后的效果对比

图2.66 "图层"面板

> ▶ |提示|本节最终效果为随书所附光盘中的文件"第2章\2.3.psd"。

▶技能总结

- 使用调整图层改变图像的色彩。
- 使用修饰工具修除皮肤上的瑕疵。
- 使用锐化滤镜显示更多的图像细节。
- 使用图层蒙版限制调整图层的调整范围。

2.4 宠物小屋照片精修

> **基本信息** ////////////////////

学习难度： ★★★★

主要技术： 仿制图章工具、画笔绘图、调整图层、图层蒙版、矢量蒙版

图层数量： 14

通道数量： 0

路径数量： 4

> **设计解析** ////////////////////

　　本例是夜景照片的精修案例，主要是将一幅较普通的夜景照片，通过调色、气氛渲染、环境重构以及光线模拟等多种修饰，将其处理为颇具童话般梦幻色彩的全新场景。

　　需要注意的是，本例是在CMYK模式下进行修饰的，所以在使用"曲线"命令时操作刚好相反，即向上是减少（降暗），而向下才是增加（提亮）。

> **设计流程解析** ////////////////////

　　用图2.67所示的流程图对制作过程进行了示意，并在下面分别解析各个制作步骤。

（a）树　　➤　　（b）亮度　　➤　　（c）色彩

图2.67 宠物小屋照片精修流程示意图

|树|

　　在夜景的修饰中，树是最为常用的剪影元素之一。在本例中，就是使用了一些树剪影来装饰小屋后面的环境。在制作时，结合混合模式及高级混合中的混合颜色带功能，即可快捷过滤掉树以外的图像，然后再使用图层蒙版将多余的树隐藏掉即可。

|亮度|

　　对于夜景的模拟而言，照片整体的亮度控制非常重要，应保证整体感觉是夜景状态，同时还要保证要表现的图像能够处于视觉焦点的位置。

| 色彩 |

　　不同的照片使用目的不同，对色彩的要求也不尽相同，但它们的调整方法却是大同小异的。在本例中，由于要求照片带有一定童话般的梦幻色彩，因此在色彩上就要求饱和度要高一些、纯净一些，以满足照片的需求。

▶操作步骤

① 打开随书所附光盘中的文件"第2章\2.4-素材1.psd"，如图2.68所示。

② 新建得到"图层1"，选择仿制图章工具 🖈 并在其工具选项条设置参数 ，在小屋左下方的多余图像周围单击以定义源图像，然后对该图像进行涂抹以将其修除，按照同样的方法，将窗户上的漏光图像也一并修除，如图2.69所示。

图2.68 素材图像　　　　　　　　　　　　图2.69 修除图像

③ 下面重新构建小屋后面的树林。打开随书所附光盘中的文件"第2章\2.4-素材2.psd"，使用移动工具 ▶⊕ 将其拖至本例操作的文件中，得到"图层2"，并设置其混合模式为"正片叠底"，然后将图像置于小屋右上方的位置，如图2.70所示。

图2.70 设置混合模式后的效果

④ 选择"图层2"，单击添加图层样式按钮 *fx.*，在弹出的菜单中选择"混合选项"命令，在弹出的对话框底部，按住Alt键向左侧拖动"本图层"范围中的白色半三角滑块，直至到类似如图2.71所示的状态，单击"确定"按钮退出对话框，得到如图2.72所示的效果。

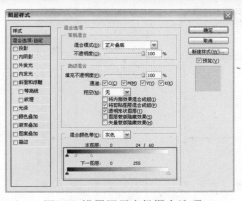

图2.71 设置图层高级混合选项

图2.72 融合后的效果

⑤ 单击添加图层蒙版按钮 为"图层2"添加图层蒙版，设置前景色为黑色，选择画笔工具 并设置适当的画笔大小及不透明度，在遮住小屋的树图像上涂抹以将其隐藏，如图2.73所示，此时蒙版中的状态如图2.74所示。

图2.73 用蒙版隐藏图像

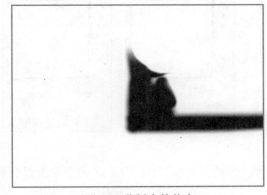

图2.74 蒙版中的状态

⑥ 打开随书所附光盘中的文件"第2章\2.4-素材3.psd"，按照第**③**～**⑤**步的方法，将该树森图像合成至小屋背景中的左侧位置，直至得到类似如图2.75所示的效果，此时的"图层"面板如图2.76所示。

图2.75 添加其他的树木图像

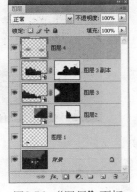

图2.76 "图层"面板

|提示|此时，我们已经基本完成了合成小屋后面的森林，下面来调整一下整体的颜色，包括背景中的天空区域。

⑦ 单击创建新的填充或调整图层按
钮 ，在弹出的菜单中选择"曲
线"命令，得到图层"曲线1"，
在"调整"面板中设置其参数，如
图2.77、图2.78、图2.79和图2.80所
示，以调整图像的颜色及亮度，得
到如图2.81所示的效果。

图2.77 "青色"　　图2.78 "洋红"
面板　　　　　　　面板

 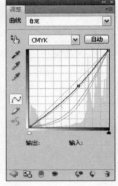 

图2.79 "黄色"面板　图2.80 "CMYK"面板　　　　图2.81 调整后的效果

⑧ 选择"曲线1"的图层蒙版，设置前景色为黑色，选择画笔工具  并设置适当的画笔大
小及不透明度，在原有光线以外的图像区域进行涂抹，以隐藏该调整图层的调整效果，
如图2.82所示，此时蒙版中的状态如图2.83所示。

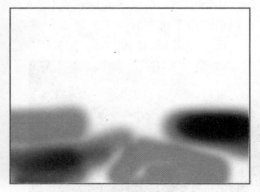

图2.82 添加图层蒙版后的效果　　　　　　　图2.83 蒙版中状态

| 提示 | 下面调整天空中的亮度，由于是要精修夜景照片，为了突出整体的气氛，此时可以
将天空压得暗一些。

⑨ 切换至"路径"面板并新建一个路径得到"路径1"，选择钢笔工具 ，在其工具选项
条上单击路径按钮 及添加到路径区域按钮 ，沿着小屋以上的天空区域绘制路径，如

图2.84所示。

⑩ 单击创建新的填充或调整图层按钮 ◕，在弹出的菜单中选择"曲线"命令，得到图层 "曲线2"，在"调整"面板中设置其参数，如图2.85所示，以调整图像的颜色及亮度， 得到如图2.86所示的效果。

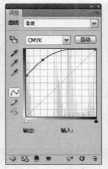

图2.84 绘制路径　　　　图2.85 "曲线"面板　　　　图2.86 应用"曲线"后的效果

⑪ 选择"曲线2"的蒙版，选择线性渐变工具 ▭ 并设置渐变类型为预设中的"黑色、白 色"渐变，然后对图像由下至上绘制渐变，得到如图2.87所示的效果，此时蒙版中的状 态如图2.88所示。

图2.87 隐藏多余的图像　　　　　　　　　　图2.88 蒙版中的状态

⑫ 下面调整一下天空区域的色调。在"路径"面板中选择"路径1"，单击创建新的填充 或调整图层按钮 ◕，在弹出的菜单中选择"色相/饱和度"命令，得到图层"色相/饱 和度1"，在"调整"面板中设置其参数，如图2.89所示，以调整图像的颜色，得到如图 2.90所示的效果。

图2.89 "色相/饱和度"面板　　　　图2.90 调色后的效果

⑬ 下面调整屋顶的色彩。切换至"路径"面板并新建一个路径得到"路径2"，选择钢笔工具 ，在其工具选项条上单击路径按钮 及添加到形状区域按钮 ，沿着屋顶图像边缘绘制路径，如图2.91所示。

⑭ 单击创建新的填充或调整图层按钮 ，在弹出的菜单中选择"曲线"命令，得到图层"曲线3"，在"调整"面板中设置其参数，如图2.92所示，以调整图像的颜色及亮度，得到如图2.93所示的效果。此时，"图层"面板的状态如图2.94所示。

图2.91 沿着屋顶绘制路径

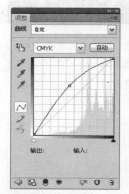

图2.92 "曲线"面板

图2.93 调整后的效果

图2.94 "图层"面板

> **|提示|** 至此，我们已经基本完成了对小屋及天空区域的调整，下面来针对草地上的图像进行调整。

⑮ 切换至"路径"面板并新建一个路径得到"路径3"，选择钢笔工具 ，在其工具选项条上单击路径按钮 及添加到路径区域按钮 ，沿着草地图像边缘绘制路径，如图2.95所示。

⑯ 单击创建新的填充或调整图层按钮 ，在弹出的菜单中选择"曲线"命令，得到图层"曲线4"，在"调整"面板中设置其参数，如图2.96、图2.97、图2.98和图2.99所示，以调整图像的颜色及亮度，得到如图2.100所示的效果。

图2.95 沿着草地边缘绘制路径

图2.96 "青色"面板

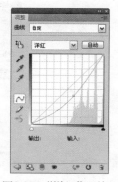

图2.97 "洋红"面板

图2.98 "黄色"面板　　　图2.99 "CMYK"面板　　　　　图2.100 调整后的效果

17 选择"曲线4"的图层蒙版，设置前景色为黑色，选择画笔工具 ✐ 并设置适当的画笔大小及不透明度，在草地与树木相交的区域进行涂抹，使二者之间有较好的过渡，如图2.101所示，此时蒙版中的状态如图2.102所示。

 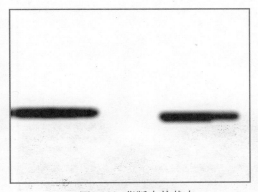

图2.101 融合图像后的效果　　　　　　　　　　图2.102 蒙版中的状态

18 使用钢笔工具 ✐ 沿草地区域的绘制路径（比前一次选中草地的路径略小），然后结合"曲线"调整图层进行调整，如图2.103、图2.104和图2.105所示，同时创建得到"曲线5"得到如图2.106所示的效果。

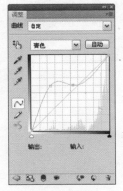 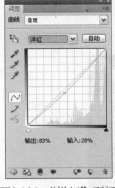 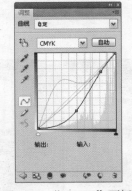

图2.103 "青色"面板　　　　　图2.104 "洋红"面板　　　　　图2.105 "CMYK"面板

19 选择"曲线5"的图层蒙版，设置前景色为黑色，选择画笔工具 ✐ 并设置适当的画笔大小及不透明度，在原有光线以外的图像区域进行涂抹，以隐藏该调整图层的调整效果，如图2.107所示，此时蒙版中的状态如图2.108所示。

图2.106 调整后的效果

图2.107 编辑蒙版后的效果

> | **提示** | 此时观察小屋右下角的位置，由于前面是直接使用路径限制调整的范围，所以此处
> 出现了比较明显的硬边，如图2.109所示，下面就来解决这个问题。

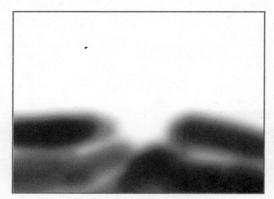

图2.108 蒙版中的状态

图2.109 小屋右下角的硬边

⑳ 选择"曲线4"，然后按住shift键选择"曲线5"，从而将二者之间的图层选中。按Ctrl+
G键将选中的图层编组，得到"组1"。

㉑ 单击添加图层蒙版按钮 ▣ 为"组1"添加图层蒙版，设置前景色为黑色，选择画笔工
具 ✐ 并设置适当的画笔大小及不透明度，在小屋右下角硬边图像上涂抹使其变得柔和一
些，得到如图2.110所示的效果，此时的蒙版状态如图2.111所示。

图2.110 柔和图像

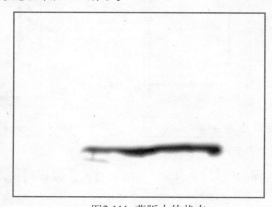

图2.111 蒙版中的状态

> |**提示**| 为了让突出中心的小屋图像，下面来对周围的图像进行一定的降暗处理。

22 在所有图层上方新建一个图层得到"图层2"，设置前景色为黑色，选择画笔工具 并设
置适当画笔大小
及不透明度，在
画布周围进行
涂抹，以将其降
暗，得到如图
2.112所示的效
果，此时的"图
层"面板如图
2.113所示。

图2.112 最终效果 　　　图2.113 "图层"面板

> |**提示**| 本节最终效果为随书所附光盘中的文件"第2章\2.4.psd"。

技能总结 ////////////////////////

- 使用调整图层改变图像的色彩及亮度。
- 使用图层蒙版及矢量蒙版限制调整图层的调整范围。
- 使用画笔工具 编辑图层蒙版及绘制图像。
- 使用仿制图章工具 复制图像。

2.5 烈焰女郎照片合成

基本信息 ////////////////////////

学习难度：★★★

主要技术：调整图层、混合模式、图层蒙版、画笔绘图

图层数量：23

通道数量：1

路径数量：0

设计解析 ////////////////////////

除了对照片进行最大限度的美化修饰外，根据不同的需求，还需要进行从简单到复杂等
不一而足的创意合成处理。

在本例中，我们就是以一个女郎为载体，以火焰特效作为合成的重点，将其融合在女郎的身体上。

❯设计流程解析

用图2.114所示的流程图对制作过程进行了示意，并在下面分别解析各个制作步骤。

（a）调色 　　　　（b）火焰头发 　　　　（c）其他火焰

图2.114 设计流程示意图

| 调色 |

火焰图像具有明显的色彩特征，即红、黄2种颜色，因此在为人物叠加火焰前，首先需要对其颜色进行调整，使之与火焰图像相匹配。

值得一提的是，如果在调整过程中使用调整图层，即使后面对人物的色彩不满意，也可以非常方便的进行修改。

| 火焰头发 |

在融合火焰图像时，应尽量选择形态上与头发比较相近的素材，由于火焰素材多以黑色背景出现，因此在融合过程中，将主要依靠混合模式及图层蒙版对火焰进行融合，再配合变换功能，使之尽量与头发图像之间保持协调即可。

在本例中，由于人物的头发本身就带有一定的烫发弯曲，这与火焰图像有一些相像，因此，无需将每一处头发都叠加上火焰，只要配合上适当的颜色调整，就可以得到很好的效果。

| 其他火焰 |

在本例中，合成其他火焰图像的方法，与前面合成火焰图像的方法基本相同，只不过由于表现的是不同位置的火焰，因此，在融合时注意对火焰形态的把握即可。

❯操作步骤

① 打开随书所附光盘中的文件"第2章\2.5-素材1.psd"，如图2.115所示。

> | 提示 | 首先，我们将结合调整图层及图层蒙版等功能，对人物图像的色彩进行调整，以便于后面更好的融合火焰图像。

② 单击创建新的填充或调整图层按钮 ，在弹出的菜单中选择"亮度/对比度"命令，得到图层"亮度/对比度1"，在"调整"面板中设置其参数，如图2.116所示，以调整图像

的亮度及对比度,得到如图2.117所示的效果。

图2.115 素材图像

图2.116 "亮度/对比度"面板

图2.117 调整后的效果

③ 选择"亮度/对比度1"的图层蒙版,设置前景色为黑色,选择画笔工具 ✐ 并设置适当的画笔大小及不透明度,在人物身体图像上涂抹以将其隐藏,如图2.118所示。此时蒙版中的状态如图2.119所示。

④ 单击创建新的填充或调整图层按钮 ⊘ ,在弹出的菜单中选择"色相/饱和度"命令,得到图层"色相/饱和度1",在"调整"面板中设置其参数,如图2.120所示。以调整图像的颜色,得到如图2.121所示的效果。

图2.118 用蒙版隐藏图像

图2.119 蒙版中的状态

图2.120 "色相/饱和度"面板

图2.121 调色后的效果

⑤ 单击创建新的填充或调整图层按钮 ⊘ ,在弹出的菜单中选择"色彩平衡"命令,得到图层"色彩平衡1",在"调整"面板中设置其参数,如图2.122、图2.123和图2.124所示,以调整图像的颜色,得到如图2.125所示的效果。

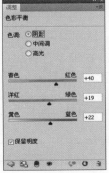

图2.122 "阴影"面板

图2.123 "中间调"面板

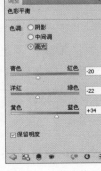

图2.124 "高光"面板

图2.125 调整后的效果

⑥ 单击创建新的填充或调整图层按钮 ，在弹出的菜单中选择"亮度/对比度"命令，得到图层"亮度/对比度2"，在"调整"面板中设置其参数，如图2.126所示，以调整图像的亮度及对比度，得到如图2.127所示的效果。

⑦ 单击创建新的填充或调整图层按钮 ，在弹出的菜单中选择"亮度/对比度"命令，得到图层"亮度/对比度3"，在"调整"面板中设置其参数，如图2.128所示，以调整图像的亮度及对比度，得到如图2.129所示的效果。

图2.126 "亮度/对比度" 图2.127 调整后的效果 图2.128 "亮度/对比度" 图2.129 调整后的效果
　　　面板1　　　　　　　　　　　　　　　　面板2

⑧ 选择"亮度/对比度3"的图层蒙版，设置前景色为黑色，选择画笔工具 并设置适当的画笔大小及不透明度，在人物身体图像上涂抹以将其隐藏，如图2.130所示，此时蒙版中的状态如图2.131所示。

⑨ 选择"亮度/对比度1"，然后按住Shift键选择"亮度/对比度3"，从而将二者之间的图层选中。按Ctrl＋G键将选中的图层编组，将得到的组的名称改为"人物调整"，此时的"图层"面板如图2.132所示。

图2.130 编辑蒙版　　　图2.131 蒙版中的状态　　　图2.132 "图层"
　　　　　　　　　　　　　　　　　　　　　　　　　　　　面板

▶ |提示|至此，我们已经完成了对人物的调整，下面将从头发开始向其身体上融合火焰图像。

⑩ 打开随书所附光盘中的文件"第2章\2.5-素材2.psd"，如图2.133所示，使用移动工具 将其拖至本例操作的文件中，得到"图层1"，在该图层的名称上单击右键，在弹出的菜单中选择"转换为智能对象"命令，从而将其转换成为智能对象图层。

▶ |提示|将图层转换为智能对象后，可以记录下变换信息，以便于进行反复的编辑，在下面的操作中，也有很多图层转换成为了智能对象图层，界时将不再说明其操作方法。

⑪ 将图像置于人物头部的右上方，设置"图层1"的混合模式为"滤色"，得到如图2.134所示的效果。

图2.133 素材图像

图2.134 设置混合模式后的效果

▶ |提示| 此时，融合后的火焰图像边缘带有生硬的边缘，下面就来解决这个问题。

⑫ 单击添加图层蒙版按钮 ▣ 为"图层1"添加图层蒙版，设置前景色为黑色，选择画笔工具 ✐ 并设置适当的画笔大小及不透明度，在火焰的硬边图像上涂抹以将其隐藏，如图2.135所示。

⑬ 下面调整火焰图像的亮度。单击创建新的填充或调整图层按钮 ◑ ，在弹出的菜单中选择"亮度/对比度"命令，得到图层"亮度/对比度4"，按Ctrl＋Alt＋G键创建剪贴蒙版，然后在"调整"面板中设置其参数，如图2.136所示，以调整图像的亮度，得到如图2.137所示的效果。

图2.135 隐藏火焰的硬边

图2.136 "亮度/对比度"面板

图2.137 调整亮度后的效果

⑭ 选择"图层1"和"亮度/对比度4"，按Ctrl＋Alt＋E键执行"盖印"操作，从而将当前选中图层中的图像合并至新图层中，将得到的图层重命名为"图层2"，并设置其混合模式为"滤色"。

⑮ 选择"编辑"→"变换"→"水平翻转"命令，以水平翻转图像。按Ctrl+T键调出自由变换控制框，调整图像的大小及旋转角度等，然后将图像置于人物的左侧头发上，如图2.138所示，按Enter键确认变换操作。

⑯ 单击添加图层蒙版按钮 ▣ 为"图层2"添加图层蒙版，设置前景色为黑色，选择画笔工具 ✐ 并设置适当的画笔大小及不透明度，在生硬的图像边缘上涂抹以将其隐藏，如图2.139所示，此时蒙版中的状态如图2.140所示。

图2.138 变换图像

图2.139 隐藏图像生硬的边缘

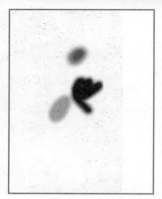

图2.140 蒙版中的状态

> **提示** 下面来对左右两侧的头发增加红色光泽，使之与火焰的色调更匹配。

⑰ 新建一个图层得到"图层3"，将其拖至"图层1"下方，分别设置前景色的颜色值为e90101和ffe400，选择画笔工具 ✐ 并设置适当画笔大小及不透明度，在左右两侧的头发图像上进行涂抹，直至得到类似如图2.141所示的效果。

⑱ 设置"图层3"的混合模式为"柔光"，得到如图2.142所示的效果。

⑲ 选择"图层2"，单击创建新的填充或调整图层按钮 ◉ ，在弹出的菜单中选择"亮度/对比度"命令，得到图层"亮度/对比度5"，在"调整"面板中设置其参数，如图2.143所示，以调整图像的亮度及对比度，得到如图2.144所示的效果，将与火焰头发相关的图层编组，此时的"图层"面板如图2.145所示。

图2.141 涂抹图像

图2.142 设置"柔光"
后的效果

图2.143 "亮度/对比度"面板

图2.144 调整后的效果

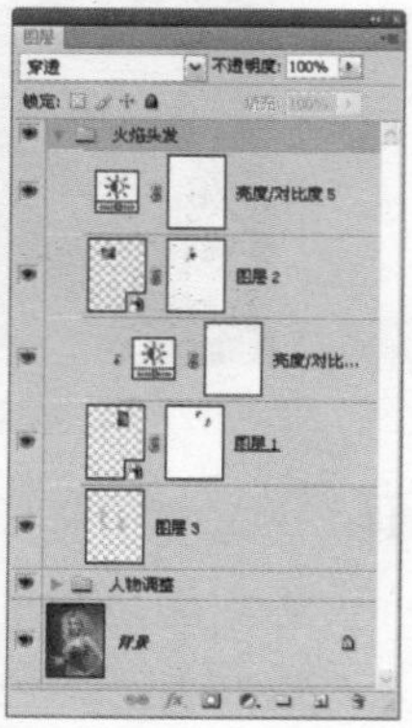

图2.145 "图层"
面板

> **提示** 此处的调整图层并没有创建剪贴蒙版，所以在下面添加的图像中，凡是位于该图层下面的图像，都会被该图层调整。

⑳ 打开随书所附光盘中的文件"第2章\2.5-素材3.psd"、"第2章\2.5-素材4.psd"，结合前

面介绍的方法对这2幅图像进行处理，以制作得到人物左、右手及背景中的火焰图像，直至得到类似如图2.146所示的效果，对应的"图层"面板如图2.147所示。

㉑ 打开随书所附光盘中的文件"第2章\2.5-素材5.psd"，按照上一步的方法，将图像融合到人物的背景中，直至得到类似如图2.148所示的效果，对应的"图层"面板如图2.149所示。

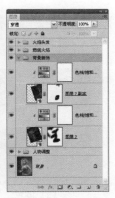

图2.146 添加左、右手及背　　图2.147 "图层"面板　　图2.148 最终效果　　图2.149 "图层"
　　　景的火焰　　　　　　　　　　　　　　　　　　　　　　　　　　　　　　　　面板

> | **提示** | 本节最终效果为随书所附光盘中的文件"第2章\2.5.psd"。

> **技能总结** ///

- 使用画笔工具 🖊 绘制图像。
- 使用调整图层改变图像的色彩。
- 使用调整蒙版限制调整图层的调整范围。
- 使用图层蒙版功能隐藏多余的图像。
- 使用混合模式融合图像。

2.6 美人鱼照片合成

> **基本信息** ///

学习难度：★★★★

图层数量：16

通道数量：0

路径数量：0

主要技术：调整图层、剪贴蒙版、图层蒙版、混合模式

➤设计解析

　　美人鱼是比较常见的创意合成主题，在本例中，将以一幅美人出水的照片图像为基础，结合头发、鱼尾以及溅起的水花等素材，合成得到一幅美人鱼创意作品，并通过对背景及整体色调的渲染，让图像给人以梦幻、唯美、逼真的视觉感受。

➤设计流程解析

　　用图2.150所示的流程图对制作过程进行了示意，并在下面分别解析各个制作步骤。

| (a) 调色   　　　(b) 头发   　　　(c) 水花   　　　(d) 鱼尾与水花

图2.150　美人鱼照片合成流程示意图

|调色|

　　此处是以调整人物及其水面的亮度、色彩为重点，目的是为了使其与背景中的色彩相匹配。在调整过程中，将使用调整图层功能进行调整，配合图层蒙版功能限制其调整范围，以分别对不同的图像内容进行处理。

|头发|

　　为了让人物造型更具艺术感，笔者调用了一幅头发素材图像，通过复制及变换的操作，将其融合在人物后面。

|水花|

　　水花是本例在处理时要重点表现的元素，它不但可以让人物的动作看起来更加具有动感，也是更好地表现人物与水图像之间相互融合的一个重要特征。

　　融合水花图像的操作方法比较简单，笔者使用了已经抠选好的水花素材，通过混合模式及图层蒙版，即可将它们融合在一起。重要的是，我们需要控制好水花的方向、大小等属性，使其看起来与整体协调、统一。

|鱼尾与水花|

　　鱼尾是表现作品创意的关键，在画面中也最容易受到瞩目，因此在合成时，无论是色彩、亮度等属性，或是大小及角度等属性，都需要特别注意与人物乃至整个场景相匹配，否则一旦出现瑕疵，就意味着整幅作品的失败。

➤操作步骤

①　打开随书所附光盘中的文件"第2章\2.6-素材1.psd"，如图2.151所示。首先，我们对人

物及其水面上的图像进行色彩调整。

② 选择"图层2"，单击创建新的填充或调整图层按钮 ◑，在弹出的菜单中选择"渐变映射"命令，得到图层"渐变映射1"，按Ctrl＋Alt＋G键创建剪贴蒙版，然后在"调整"面板中设置其参数，如图2.152所示，从而为图像叠加颜色，得到如图2.153所示的效果。

图2.151 素材图像　　　　图2.152 "渐变映射"面板　　图2.153 应用"渐变映射"后的效果

> | 提示 | 在"调整"面板中，所使用的渐变从左至右各个色标的颜色值依次为d5c3b8和53788a。

③ 选择"渐变映射1"的图层蒙版，设置前景色为黑色，选择画笔工具 ✎ 并设置适当的画笔大小及不透明度，在水面图像上涂抹以隐藏其调整效果，如图2.154所示，此时蒙版中的状态如图2.155所示。

④ 单击创建新的填充或调整图层按钮 ◑，在弹出的菜单中选择"亮度/对比度"命令，得到图层"亮度/对比度1"，在"调整"面板中设置其参数，如图2.156所示，以调整图像的亮度及对比度，得到如图2.157所示的效果。

图2.154 编辑蒙版后的效果　　图2.155 蒙版中的状态　　图2.156 "亮度/对比度"面板　　图2.157 应用"亮度/对比度"后的效果

⑤ 按照第③步的方法编辑"亮度/对比度1"的蒙版，隐藏对水面的调整，得到如图2.158所示的效果，对应的蒙版状态如图2.159所示。

⑥ 单击创建新的填充或调整图层按钮 ◑，在弹出的菜单中选择"可选颜色"命令，得到图层"选取颜色1"，按Ctrl＋Alt＋G键创建剪贴蒙版，然后在"调整"面板中设置其参

数，如图2.160所示，以调整图像的颜色，得到如图2.161所示的效果。

图2.158 用蒙版隐藏调整效果　　图2.159 蒙版中的状态　图2.160 "可选颜色"　图2.161 应用"可选颜
　　　　　　　　　　　　　　　　　　　　　　　　　　　面板　　　　　　色"后的效果

⑦ 单击创建新的填充或调整图层按钮 ◢，在弹出的菜单中选择"亮度/对比度"命令，得到图层"亮度/对比度2"，在"调整"面板中设置其参数，如图2.162所示，以调整图像的亮度及对比度，得到如图2.163所示的效果。

⑧ 按照第3步的操作方法编辑"亮度/对比度2"的蒙版，以隐藏对人物图像的调整，如图2.164所示，此时蒙版中的状态如图2.165所示。

图2.162 "亮度/对比　图2.163 应用"亮度/对比　图2.164 隐藏对人物图像的调整　图2.165 蒙版中的状态
　度"面板　　　　　度"后的效果

> **| 提示 |** 至此，我们已经基本完成了对人物图像的色彩处理。为了让人物看起来更具艺术感，下面为其增加飞舞而起的头发图像。

⑨ 打开随书所附光盘中的文件"第2章\2.6-素材2.psd"，使用移动工具 ▶⊕ 将其拖至本例操作的文件中，得到"图层3"并将其拖至"图层2"的下方，使用移动工具 ▶⊕ 将图像置于人物背后的位置，按Ctrl＋T键调出自由变换控制框，按住Shift键缩小图像至合适的大小，按Enter键确认变换操作，如图2.166所示。

⑩ 单击添加图层蒙版按钮 ◻ 为"图层3"添加图层蒙版，设置前景色为黑色，选择画笔工具 ◢ 并设置适当的画笔大小及不透明度，在头发的硬边图像上涂抹以将其隐藏，如图2.167所示。

⑪ 复制"图层3"两次，分别调整其中的头发图像的位置及大小，直至得到类似如图2.168所示的效果。

图2.166 摆放图像

图2.167 隐藏头发的硬边

图2.168 复制并制作得到其他的头发

> |提示| 下面将向图像中增加溅起的水花图像。

⑫ 打开随书所附光盘中的文件"第2章\2.6-素材3.psd"，使用移动工具 ⤴ 将其拖至本例操作的文件中，得到"图层4"，并将图像置于人物头发之上，如图2.169所示。

⑬ 设置"图层4"的混合模式为"滤色"，单击添加图层蒙版按钮 ◻ 为其添加图层蒙版，设置前景色为黑色，选择画笔工具 ✏ 并设置适当的画笔大小及不透明度，在头发以外的图像上涂抹以将其隐藏，如图2.170所示，此时蒙版中的状态如图2.171所示。

图2.169 摆放素材图像位置

图2.170 隐藏头发以外的图像

图2.171 蒙版中的状态

⑭ 打开随书所附光盘中的文件"第2章\2.6-素材4.psd"，使用移动工具 ⤴ 将其拖至本例操作的文件中，得到"图层5"，并将图像置于人物头发的右侧位置，然后按照上一步的方法设置混合模式并使用图层蒙版隐藏多余图像，直至得到类似如图2.172所示的效果。

⑮ 选择"图层3"，然后按住Shift键选择"亮度/对比度2"，从而将二者之间的图层选中。按Ctrl＋G键将选中的图层编组，并将其重命名为"美人"，此时的"图层"面板如图2.173所示。

> |提示| 至此，我们已经基本完成了对人物图像的处理，下面来增加人鱼的尾巴图像。

⑯ 打开随书所附光盘中的文件"第2章\2.6-素材5.psd"，使用移动工具 ⤴ 将其拖至本例操作的文件中，得到"图层6"，并将其拖至"图层1"的上方，然后将图像置于画面左侧的位置，如图2.174所示。

图2.172 调整后的效果

图2.173 "图层"面板

图2.174 调整素材图像位置

⑰ 单击创建新的填充或调整图层按钮 ，在弹出的菜单中选择"色彩平衡"命令，得到图层"色彩平衡1"，按Ctrl＋Alt＋G键创建剪贴蒙版，然后在"调整"面板中设置其参数，如图2.175所示，以调整图像的颜色，得到如图2.176所示的效果。

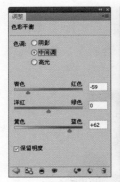

图2.177 最终效果

图2.178 "图层"面板

图2.175 "色彩平衡"面板

图2.176 调整后的效果

⑱ 复制"图层4"两次，并将副本图层中的图像置于人物的尾巴位置，然后设置适当的不透明度，使它们能够融合在一起，得到如图2.177所示的效果。此时的"图层"面板如图2.178所示。

▶ | 提示 | 本节最终效果为随书所附光盘中的文件"第2章\2.6.psd"。

❯技能总结

- ● 使用图层蒙版功能隐藏多余的图像。
- ● 使用调整蒙版限制调整图层的调整范围。
- ● 使用调整图层改变图像的色彩。
- ● 使用混合模式融合图像。

| 第3章 |

海报招贴

3.1 海报设计

海报又称为招贴、宣传画，它属于广告的一个分支，所以它带有了一定的广告元素。海报的应用范围很广，在商品展览、书展、音乐会、戏剧、运动会、时装表演、电影、旅游、慈善或其他专题性的活动中，都可以透过海报做广告宣传。

相对于广告而言，海报具有画面大、内容广泛、艺术表现力丰富、远视效果强烈的特点，在设计时应遵循简洁、协调、突出视觉冲击力等规则，在设计海报的过程中，可以从以下的思路出发进行创意设计。

- 这张海报的目的？
- 目标受众是谁？
- 他们的接受方式怎么样？
- 其他同行业类型产品的海报是怎样的？
- 此海报的体现策略？
- 创意点？
- 表现手法？
- 怎样与产品结合？

海报按其应用不同大致可以分为商业海报、文化海报、电影海报和公益海报等类型，下面分别对它们的功能及特点进行介绍。

3.1.1 商业海报

商业海报是指宣传商品或商业服务的商业广告性海报。商业海报的设计，要恰当地配合产品的格调和受众对象，其作品示例如图3.1所示。

图3.1 商业海报作品

3.1.2 文化海报

文化海报是指各种社会文娱活动及各类展览的宣传海报。展览的种类很多，不同的展览都有它各自的特点，设计师需要了解展览和活动的内容才能运用恰当的方法表现其内容和风格，其作品示例如图3.2所示。

图3.2 文化海报作品

3.1.3 电影海报

电影海报是海报的主要分支，主要是起到吸引观众注意、刺激电影票房收入的作用，与戏剧海报、文化海报等有几分类似，其作品示例如图3.3所示。

图3.3 电影海报作品

3.1.4 公益海报

社会海报带有一定思想性，具有特定的对公众的教育意义，其主题包括各种社会公益、道德的宣传、弘扬爱心奉献、共同进步以及环保精神等，其作品示例如图3.4所示。

图3.4 公益海报作品

3.2 大运会免费通信赞助商海报设计

❯ 基本信息

学习难度： ★★★★

主要技术： 绘制图形、图层样式、编辑选区、图层蒙版

图层数量： 47

通道数量： 0

路径数量： 0

❯ 设计解析

海报以一个高举手机而非火炬的运动员为源头，并从手机中飞舞出极具动感的艺术图

形，并搭配祥云及各种运动健儿的剪影图像，从而表明手机与运动之间的联系，再配合广告文案的说明，明确表达出了一畅电信在大动会期间，提供场内的免费短信这一服务。

设计流程解析

用图3.5所示的流程图对制作过程进行了示意，并在下面分别解析各个制作步骤。

（a）主体图像　　　　　　　　（b）丰富图像　　　　　　　　（c）装饰图像

图3.5 大运会免费通信赞助商海报设计流程示意图

主体图像

本例要绘制的曲线艺术图形较多，因此在绘制时应首先把握住图形的主要脉落，以便于在此基础上继续向外扩展，绘制其他图形。

此处的图形看起来比较复杂，但实际上，用到的处理技术却比较简单，而且其中超过一半的工作都集中在使用钢笔工具 ✿ 绘制图形上。因为这些图形对曲线位置的弧度要求非常高，有一点不平滑的地方都很容易看出来，所以在绘制图形时应保持足够的耐心，直至绘制得到满意的形状为止，然后再使用图层样式功能为图形增加立体感即可。

丰富图像

在制作得到主干的图形后，就可以按照其形态及方向，向外扩展，绘制其他图形了。在绘制过程中，可以巧妙地利用已经绘制好的图形，然后进行适当的形态编辑，从而在尽可能减少工作量的情况下，绘制得到的相同的图形结果。

此外，笔者还结合图层蒙版及设置图层不透明度等功能，为艺术图形的表现增加了一些白色光，使其看起来更具有光泽感。

装饰图像

为了突出运动会这一主题，在艺术图形中刻意地加入了一些运动健儿的图形，并按照类似艺术图形的处理手法，增加了艺术效果。

最后，使用云纹等图像在图形上做装饰，并在画面的右侧位置输入相关的说明信息，即可完成本例的广告。

操作步骤

① 打开随书所附光盘中的文件"第3章\3.2-素材1.psd"，如图3.6所示，对应的"图层"面板如图3.7所示。

图3.6 素材图像 　　　　　　　　　　　　　　图3.7 "图层"面板

(2) 绘制第一个曲线图形。选择"渐变填充1"，设置前景色的颜色值为ee1d25，选择钢笔
工具，并在其工具选项条上单击形状图层按钮，在画布中绘制一个曲线形状，如图
3.8所示，同时得到对应的图层"形状1"。

(3) 单击添加图层样式按钮 *fx*，在弹出的菜单中选择"斜面和浮雕"命令，设置弹出的对
话框（如图3.9所示），得到如图3.10所示的效果。

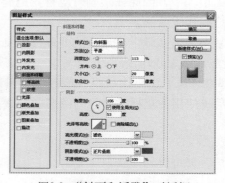

图3.8 绘制红色图形 　　　　图3.9 "斜面和浮雕"对话框 　　　　图3.10 添加"斜面和浮
雕"后的效果

> |提示| 在"斜面和浮雕"对话框中，"高光模式"后面颜色块的颜色值为fff200，"阴影模
> 式"后面颜色块的颜色值为9f191f。

(4) 按照第(2)～(3)步的方法，继续绘制图形并为其添加图层样式，直至得到类似如图3.11所
示的效果，此时的"图层"面板如图3.12所示。

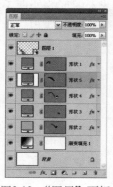

图3.11 绘制其他图形 　　　　　　　　　　　　图3.12 "图层"面板

⑤ 在绘制完成主体的图形以后，可以继续按照第②～③步的方法绘制其他图形，并为其添加图层样式，得到如图3.13所示的效果。

⑥ 选中所有与艺术图形相关的形状图层，按Ctrl+G键将其编组，然后重命名为"火炬"，如图3.14所示。

图3.13 绘制其他图形

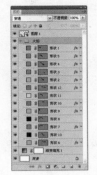

图3.14 "图层"面板

▶ |提示| 至此，我们已经基本制作完成了主要图形，下面为其增加一些高光。

⑦ 按Ctrl键单击"形状1"的缩览图以载入其选区，选择"选择"→"修改"→"收缩"命令，在弹出的对话框中设置"收缩量"数值为5，单击"确定"按钮退出对话框，得到如图3.15所示的选区。

⑧ 在所有图层上方新建一个图层得到"图层2"，设置前景色为白色，按Alt+Delete键用前景色填充选区，按Ctrl+D键取消选区，得到如图3.16所示的效果。

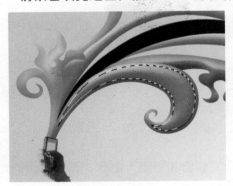

图3.15 收缩选区

图3.16 填充白色

⑨ 设置"图层2"的不透明度为30，得到如图3.17所示的效果。单击添加图层蒙版按钮 为"图层2"添加图层蒙版，设置前景色为黑色，选择画笔工具 并设置适当的画笔大小及不透明度，在图像靠下的边缘上涂抹以将其隐藏，如图3.18所示，此时蒙版中的状态如图3.19所示。

图3.17 设置不透明度后的效果

图3.18 隐藏图像的边缘

图3.19 蒙版中的状态

⑩ 按照⑦～⑨步的方法，继续为其他的图形增加高光，直至得到类似如图3.20所示的效果。将相关图层编组并重命名为"高光"，如图3.21所示。

> |提示| 至此，我们已经基本完成了主体图形的制作，下面向其中添加运动健儿的剪影以及祥云等装饰图像。

⑪ 设置前景色的颜色值为00a551，选择钢笔工具 🖊 并在其工具选项条上选择形状图层按钮 ▢ ，在画布中绘制一个形状，如图3.22所示，同时得到对应的图层"形状14"。

图3.20 添加其他高光后的效果

图3.21 "图层"
面板

图3.22 绘制图形

⑫ 单击添加图层样式按钮 _fx_ ，在弹出的菜单中选择"斜面和浮雕"命令，设置弹出的对话框（如图3.23所示），得到如图3.24所示的效果。

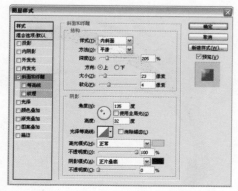

图3.23 "斜面和浮雕"对话框

图3.24 添加样式后的效果

> |提示| 在"斜面和浮雕"对话框中，"高光模式"后面颜色块的颜色值为fff200。

⑬ 打开随书所附光盘中的文件"第3章\3.2-素材2.psdr"，使用移动工具 将其拖至本例操作的文件中，得到"图层12"，并将图像置于运动健儿的左侧位置，如图3.25所示。

⑭ 打开随书所附光盘中的文件"第3章\3.2-素材3.psd"和"第3章\3.2-素材4.psd"，按照 ⑪~⑬的方法，继续制作其他的运动健儿剪影，并合成祥云图像，直至得到类似如图 3.26所示的效果，将相关的图层编组后，此时的"图层"面板如图3.27所示。

⑮ 最后，打开随书所附光盘中的文件"第3章\3.2-素材5.psd"，在"图层"面板中将"信息"组拖至本例制作的文件中，并置于"渐变填充1"的上方，调整好图像的位置后，得到如图3.28所示的最终效果，此时的"图层"面板如图3.29所示。

图3.25 添加祥云图像

图3.26 添加其他图像后的效果

图3.27 "图层"面板

图3.28 最终效果

图3.29 "图层"面板

> |提示| 本节最终效果为随书所附光盘中的文件"第3章\3.2.psd"。

➤技能总结

- 使用钢笔工具 绘制图形。
- 使用图层蒙版隐藏多余的图像内容。
- 使用图层样式为图像增加立体效果。

3.3 运动会海报设计

> **基本信息**

学习难度：★★★

主要技术：绘制路径、混合模式、调整图
层、画笔绘图

图层数量：27

通道数量：0

路径数量：0

> **设计解析**

　　此海报以舞动的线条，配合人物的动作趋势，表现出体育运动的动感与技巧，同时使整
个画面也充满动感。在制作中多次使用到形状图层与渐变填充功能。

> **设计流程解析**

　　用图3.30所示的流程图对制作过程进行了示意，并在下面分别解析各个制作步骤。

（a）背景与人物　　　　　　　　（b）动感线条　　　　　　　　　（c）其他

图3.30 设计流程示意图

| 背景与人物 |

　　本例的背景采用了一幅具有放射效果的素材，配合Photoshop技术的调整，使其具有向
中心聚焦视线的作用。

　　在人物的处理上，除了使用调整图层对人物进行亮度及色彩上的调整外，还使用了画笔
工具 ✎ 涂抹出人物身体上方的高光，给人以明亮、健康的感受。

| 动感线条 |

　　动感线条是本例要表现的重点，在制作过程中，以人物的四肢为起点，通过绘制路径并
填充渐变的方式，制作得到从肢体中喷洒而出的动感线条效果。在绘制线条时，应注意其平
滑度和对线条动感的把握。

| 其他 |

为了配合动感线条的表现，画面中还使用特殊画笔绘制了一些喷溅图像，除给人以动感、不羁的视觉感受外，还在线条、人物以及背景之间起到了一定的融合作用，使作品整体看来协调、统一、浑然一体。

最后，为人物的衣服添加黄色的线条并进行整体调色，以校正图像整体的对比度即可。

➤操作步骤 //

① 打开随书所附光盘中的文件"第3章\3.3-素材1.psd"，确认文件中包含"图层 1"、"图层2"两幅素材图像，此时"图层"面板如图3.31所示，隐藏"图层2"。

② 新建一图层，得到"图层 3"，将其移动至"图层 1"下面，设置前景色色值为182d50，按Alt+Delete键填充前景色，选择"图层 1"为当前操作图层。

图3.31 "图层"面板

③ 右键单击"图层 1"图层名称，在弹出的菜单中选择"转换为智能对象"命令，按Ctrl+T键调出自由变换控制框，按住Shift键向外移动句柄，等比例扩大图像到画布大小，按Enter键确认操作，得到的效果如图3.32所示。设置当前图层的混合模式为"柔光"，不透明度为30%，得到的效果如图3.33所示。

图3.32 设置不透明度后效果

图3.33 设置图层属性后的效果

④ 单击创建新的填充或调整图层命令按钮，在弹出的菜单中选择"阈值"命令，得到"阈值1"，按Ctrl+Alt+G键执行"创建剪贴蒙版"操作，在弹出的面板中设置"阈值色阶"为152，得到的效果如图3.34所示。

图3.34 应用"阈值"后的效果

⑤ 选择"图层 3"为当前操作图层,单击创建新的填充或调整图层命令按钮 ◢.,在弹出的菜单中选择"渐变"命令,设置弹出的对话框(如图3.35所示),得到的效果如图3.36所示。设置其图层混合模式为"叠加",得到的效果如图3.37所示。

图3.35 "渐变填充"对话框

> **提示** | 在"渐变填充"对话框中,渐变类型为"从c0b4a3到5a534c"。

图3.36 应用"渐变填充"命令后效果

图3.37 设置图层混合模式后效果

> **提示** | 至此,背景图像已制作完成,下面添加人物图像。

⑥ 显示"图层 2",应用自由变换控制框调整图像的大小及位置,得到的效果如图3.38所示。

⑦ 单击创建新的填充或调整图层命令按钮 ◢.,在弹出的菜单中选择"亮度/对比度"命令,按Ctrl+Alt+G键执行"创建剪贴蒙版"操作,设置弹出的面板(如图3.39所示),得到的效果如图3.40所示。

图3.38 调整图像

图3.39 "亮度/对比度"面板

图3.40 应用"创建剪贴蒙版"后效果

⑧ 新建一图层,得到"图层 4",按Ctrl+Alt+G键执行"创建剪贴蒙版"操作,设置前景色为白色,选择画笔工具 ◢,在工具选项条上设置画笔流量为40%,按F5键显示"画笔"面板,设置其参数如图3.41所示。

⑨ 应进一步设置好的画笔，在画布中人物手、肩及其头顶部位置进行涂抹，给人物添加高光，并设置其图层混合模式为"亮光"，得到效果如图3.42所示，单独显示"图层 4"时的效果如图3.43所示。

图3.41 "画笔"面板

图3.42 设置"亮光"后效果

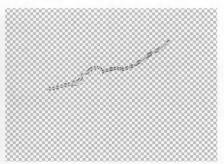
图3.43 单独显示"图层4"时的效果

⑩ 单击创建新的填充或调整图层命令按钮 ，在弹出的菜单中选择"色相/饱和度"命令，按Ctrl+Alt+G键执行"创建剪贴蒙版"操作，设置弹出的面板（如图3.44所示），得到效果如图3.45所示。此时的"图层"面板如图3.46所示。

图3.44 "色相/饱和度"面板

图3.45 调色后的效果

图3.46 "图层"面板

▶ |提示| 至此，人物图像已制作完成。下面添加动感线条图像。

⑪ 选择钢笔工具 ，在工具选项条上单击路径按钮 ，在画布右边人物手部位绘制路径（如图3.47所示），单击创建新的填充或调整图层命令按钮 ，在弹出的菜单中选择"渐变"命令，设置弹出的对话框（如图3.48所示），单击"确定"按钮退出对话框，隐藏路径后的效果如图3.49所示。

▶ |提示| 在"渐变"对话框中，渐变类型为"从a7b1e3到c91f01"。

图3.47 绘制路径

图3.48 "渐变填充"对话框

图3.49 应用"渐变填充"后效果

⑫ 结合路径及填充图层的功能，我们为画面添加剩下动感线条，得到的效果如图3.50所示，此时"图层"面板状态如图3.51所示。

> **提示** 我们选中了除"渐变填充 12"外所有添加线条的图层，按Ctrl+G键将选中的图层编组，得到"组1"。关于本步中的参数设置请参考最终效果源文件。

图3.50 添加完剩余动感线条后效果

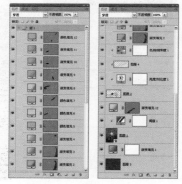

图3.51 "图层"面板

⑬ 选择"图层 2"为当前操作图层，按Ctrl键单击"图层 2"图层缩览图，以将"图层 2"中图像载入选区，选择多边形套索工具，按住Alt键在画布中人物四肢与动感线条相重叠处绘制选区，以减去相重叠部位选区。得到的效果如图3.52所示，单击添加图层蒙版命令按钮 为"图层 2"添加蒙版，得到的效果如图3.53所示。

图3.52 减去选区后效果

图3.53 添加图层蒙版后效果

> | 提示 | 下面利用曲线命令调整画面整体效果。

⑭ 选择"组 1"为当前操作对象，单击创建新的填充或调整图层命令按钮 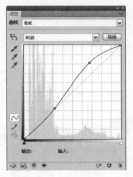，在弹出的菜单中选择"曲线"命令，设置弹出的面板（如图3.54所示），得到的效果如图3.55所示。

图3.54 "曲线"面板

图3.55 应用"曲线"命令后效果

> | 提示 | 下面利用画笔工具 为画面添加动感元素。

⑮ 选择"组 1"为当前操作对象，新建"图层5"，打开随书所附光盘中的文件"第3章\3.3-素材2.abr"，选择画笔工具，在画布中单击右键，在弹出的画笔显示框中分别选择画笔308、404、768、209，在画布左上角及人物下方位置进行涂抹，得到的效果如图3.56所示。

> | 提示 | 使用画笔涂抹过程中前景色值分别设置为3872d4、a7b1e3、2243a7与白色，具体请参照源文件中内容。

图3.56 使用画笔工具后效果

⑯ 利用钢笔工具、横排文字工具 T ，为画面添加文字元素及其装饰元素后得到最终效果如图3.57所示，此时的"图层"面板如图3.58所示。

图3.57 最终效果

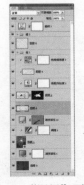

图3.58 "图层"面板

> | 提示1 | 本步在制作的过程中，还需要注意各个图层间的顺序。

> | 提示2 | 本节最终效果为随书所附光盘中的文件"第3章\3.3.psd"。

> **技能总结** ///////////////////////////////

- 使用钢笔工具 流线图形。
- 使用混合模式融合图像。
- 使用调整图层功能改变图像的色彩及亮度。
- 使用画笔工具 绘制高光图像。

3.4 商场促销海报设计

> **基本信息** ///////////////////////////////

学习难度：★★★★

主要技术：绘制路径、描边路径、绘制图形、剪贴蒙版、画笔绘图

图层数量：70

通道数量：0

路径数量：6

> **设计解析** ///////////////////////////////

本例是以商场促销为主题的海报设计作品。在制作的过程中，主要以处理画面中的双重立体透明文字为核心内容。醒目且具有诱惑力的数字牵引人们的视线，突出了本次活动的消费起码，并吸引人们继续观注广告中的其他文字。

> **设计流程解析** ///////////////////////////////

用图3.59所示的流程图对制作过程进行了示意，并在下面分别解析各个制作步骤。

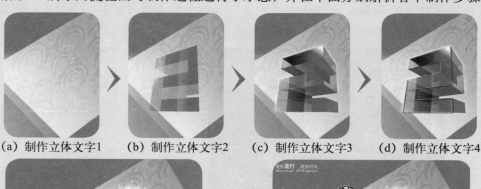

(a) 制作立体文字1　　(b) 制作立体文字2　　(c) 制作立体文字3　　(d) 制作立体文字4

(e) 倒影与星光　　　　　　　　　(f) 文字与装饰

图3.59 商品促销海报设计流程示意图

| 制作主体文字1～4 |

这是本例中制作文字主体图像的一个流图，以帮助读者更好地理解本次的解析。在制作此处的文字时，设计师首先依据对文字透视关系的把握，绘制了对应的路径，然后结合描边路径功能，创建得到具有透视关系的线条文字，其主要作用就是为下面在其各个面上填充内容做参考。

在线条文字的基础上，分别使用路径绘制路径工具选中数字的各个面，然后分别使用图形或渐变色彩进行填充即可。

| 倒影与星光 |

使用平面软件模拟三维图像的倒影，通常都是模拟一个大致感觉，而无法得到真实的效果。其操作方法就是将原来的三维图像复制并垂直翻转，然后置于原图像的下方，并设置适当的不透明度，或使用蒙版隐藏一部分图像，使其具有渐隐的效果即可。

对于文字右上角的星光，首先，我们可以使用柔和的画笔在右上角绘制得到光晕效果，然后结合"画笔"面板中的动态参数，即可绘制得到散点光晕效果。

| 文字与装饰 |

对于时尚类广告而言，对文字的编排与装饰图形的摆放等，都有比较高的要求。比如在文字的编排上，字体、色彩以及是否有形态艺术化处理等，都需要设计师在制作过程中予以斟酌、考量，才能设计出优秀的作品。

❯操作步骤

① 打开随书所附光盘中的文件"第3章\3.4-素材1.psd"，将其作为本例的背景图像，如图3.60所示，同时得到组"背景"。

> | 提示 | 本步骤笔者是以组的形式给出素材的，由于并非本例讲解的重点，读者可以参考最终效果源文件进行参数设置，展开组即可观看到操作的过程。下面制作主题文字图像"2"。

② 选择钢笔工具 ✒️ ，在工具选项条上单击路径按钮 🔳 ，单击添加到路径区域按钮 🔲 ，在图案上面绘制如图3.61所示的路径。

图3.60 素材图像

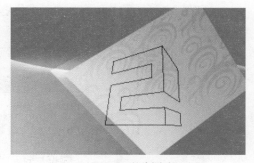

图3.61 绘制路径

③ 新建"图层1"，设置前景色为白色，选择画笔工具 ✏️ ，并在其工具选项条中设置画笔为"尖角1像素"，不透明度为100%。切换至"路径"面板，单击用画笔描边路径按钮

，隐藏路径后的效果如图3.62所示。切换回"图层"面板。

④ 按照第②~③步的操作方法，结合路径以及用画笔描边路径的功能，制作"2"的立体边框，如图3.63所示，同时得到"图层2"。

▶ |提示| 本步骤中设置了图像的颜色值为f08300。下面制作彩色效果。

⑤ 选择组"背景"，设置前景色为ade1fa，选择钢笔工具 ，在工具选项条上单击形状图层按钮 ，在"2"的左侧绘制如图3.64所示的形状，得到"形状1"。

图3.62 描边后的效果1　　　　　　图3.63 描边后的效果2　　　　　　图3.64 绘制形状

⑥ 单击"形状1"矢量蒙版缩览图使路径处于未选中的状态，设置前景色值为d94e9c，应用钢笔工具 在蓝色图形的右侧绘制紫色图形，如图3.65所示，同时得到"形状2"。

▶ |提示| 完成一个形状后，如果想继续绘制另外一个不同颜色的形状，必须要确认前一形状的矢量蒙版缩览图处于未选中的状态。

图3.65 绘制形状

⑦ 选择钢笔工具 ，在工具选项条上单击路径按钮 ，在紫色图形的右侧绘制如图3.66所示的路径，单击创建新的填充或调整图层按钮 ，在弹出的菜单中选择"渐变"命令，设置弹出的对话框（如图3.67所示），单击"确定"按钮退出对话框，隐藏路径后的效果如图3.68所示，同时得到图层"渐变填充1"。

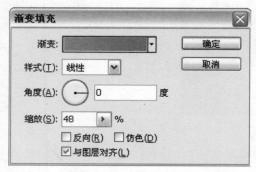

图3.66 绘制路径　　　　　　图3.67 "渐变填充"对话框　　　　图3.68 应用"渐变填充"后的效果

▶ |提示| 在"渐变填充"对话框中，渐变类型为"从f15d2b到ed1c24"。

⑧ 按照上一步的制作方法，结合路径及渐变填充图层的功能，制作红色渐变左侧的橙色渐变，如图3.69所示，同时得到"渐变填充2"。

▶ |提示| 本步骤中关于"渐变填充"对话框中的参数设置请参考最终效果源文件。在下面的操作中，会多次应用到填充图层的功能，笔者不再做相关参数的提示。

⑨ 选择"形状 1"按Shift键选择"渐变填充 2"以选中它们之间的图层，按Ctrl+G键执行"图层编组"操作，得到"组1"，将其重命名为"彩面"。设置此组的混合模式为"正片叠底"，不透明度为60%，以混合图像，得到的效果如图3.70所示。

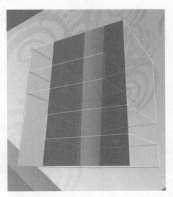

图3.69 制作橙色渐变效果　　　　　　图3.70 设置图层属性后的效果

▶ |提示| 为了方便图层的管理，笔者在此对制作彩面的图层进行编组操作，在下面的操作中，笔者也对各部分进行了编组的操作，在步骤中不再叙述。

⑩ 选择"形状1"作为当前的工作层，新建"图层3"，按Ctrl+Alt+G键执行"创建剪贴蒙版"操作，设置前景色为白色，选择画笔工具 ✎，并在其工具选项条中设置适当的画笔大小及不透明度，在蓝色图形上、下方进行涂抹，得到的效果如图3.71所示。

⑪ 选择"形状2"作为当前的工作层，按照上一步的操作方法，结合剪贴蒙版以及画笔工具 ✎ 制作紫色图形左侧的高光，如图3.72所示，同时得到"图层4"。"图层"面板如图3.73所示。

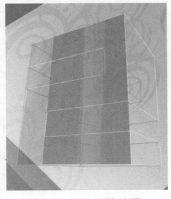
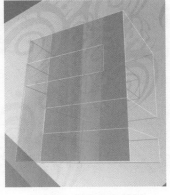
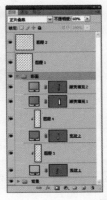

图3.71 涂抹后的效果　　　　　　图3.72 制作高光效果　　　　　　图3.73 "图层"面板

| 提示 | 在本步骤操作过程中，笔者没有给出图像的颜色值，读者可依自己的审美进行颜色搭配。在下面的操作中，笔者不再做颜色的提示。

⑫ 选择钢笔工具 ✎，在工具选项条上单击路径按钮 █，在图像"2"中绘制如图3.74所示路径，按Ctrl键单击添加图层蒙版按钮 ▣ 为组"彩面"添加蒙版，隐藏路径后的效果如图3.75所示。

⑬ 选择组"彩面"，按Ctrl+Alt+E键执行"盖印"操作，从而将选中图层中的图像合并至一个新图层中，并将其重命名为"图层5"。更改此图层的不透明度为100%，然后在当前图层矢量蒙版缩览图上单击右键，在弹出的菜单中选择"删除矢量蒙版"命令。

⑭ 选择钢笔工具 ✎，在工具选项条上单击路径按钮 █，并在其工具选项条中单击从路径区域减去按钮 ▢，在彩色图像上绘制如图3.76所示的路径，按Ctrl键单击添加图层蒙版按钮 ▣ 为"图层5"添加蒙版，隐藏路径后的效果如图3.77所示。

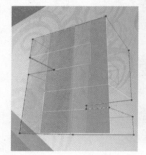

图3.74 绘制路径　　　图3.75 添加蒙版后的效果　　　图3.76 再次绘制路径　　　图3.77 再次添加蒙版后的效果

| 提示 | 文字表面的色彩已制作完成。下面改变线条的颜色。

⑮ 设置"图层2"的混合模式为"颜色减淡"，以混合图像，得到的效果如图3.78所示。设置"图层1"的填充为0%，单击添加图层样式按钮 *fx*，在弹出的菜单中选择"渐变叠加"命令，设置弹出的对话框（如图3.79所示），得到如图3.80所示的效果。

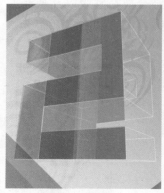
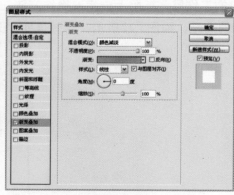

图3.78 设置"颜色减淡"后的效果　　　图3.79 "渐变叠加"对话框　　　图3.80 制作渐变效果

| 提示 | 在"渐变叠加"对话框中，渐变类型为"从65bde5到f58220"。下面制作其他面的彩色效果。

⑯ 选择"图层5"，结合路径及渐变填充图层的功能，制作"2"内侧以及右侧的彩色效果，如图3.81所示，同时得到"渐变填充3"和"渐变填充4"。

> | 提示 | 本步骤中设置了"渐变填充 3"和"渐变填充 4"的混合模式为"正片叠底"。

⑰ 复制"渐变填充4"（右侧面）得到"渐变填充4副本"，设置此图层的不透明度77%，得到的效果如图3.82所示。

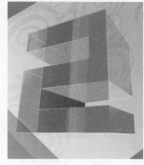
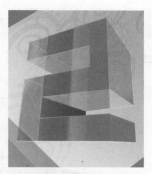

图3.81 制作彩色图像　　　　图3.82 复制图层后的效果

⑱ 选择组"背景"，根据前面所介绍的操作方法，结合路径、渐变填充、形状工具以及图层属性等功能，制作双重立体效果，如图3.83所示。"图层"面板如图3.84所示。

> | 提示 | 本步骤中关于图层属性的设置请参考最终效果源文件。另外，在制作的过程中，还需要注意各个图层间的顺序。

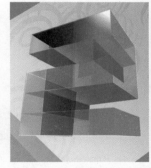
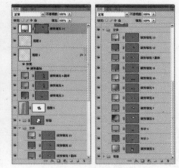

图3.83 制作双重立体效果　　　　图3.84 "图层"面板

⑲ 选择"渐变填充4"，按照第②～③步的操作方法，结合路径以及用画笔描边路径的功能，制作"2"表面的黑白边框效果，如图3.85所示，同时得到"图层6"和"图层7"。

> | 提示 | 下面结合选区及"羽化"命令制作文字与背景间的接触感。

⑳ 选择钢笔工具 ◊，在工具选项条上单击路径按钮 ▨，沿着"2"的轮廓绘制路径，如图3.86所示。按Ctrl+Enter键将路径转换为选区，按Shift+F6键应用"羽化"命令，在弹出的对话框中设置"羽化半径"数值为10，单击"确定"按钮退出对话框，得到如图3.87所示的选区状态。

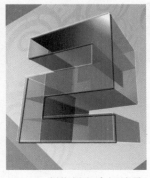
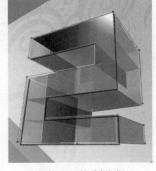
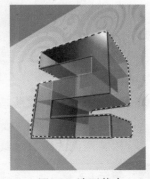

图3.85 制作黑白边框效果　　　　图3.86 绘制路径　　　　图3.87 选区状态

㉑ 保持选区，选择组"背景"，新建"图层8"，设置前景色为白色，按Alt+Delete键填充前景色，按Ctrl+D键取消选区，得到如图3.88所示的效果。"图层"面板如图3.89所示。

▶ |提示|下面结合盖印以及图层蒙版等功能，制作文字的倒影效果。

㉒ 选中组"主题"中除"图层6"和"图层7"以外的所有图层及组，按Ctrl+Alt+E键执行"盖印"操作，从而将选中图层中的图像合并至一个新图层中，并将其重命名为"图层9"。将其拖至组"主题"的下方，利用自由变换控制框进行垂直翻转及移动位置，得到的效果如图3.90所示。

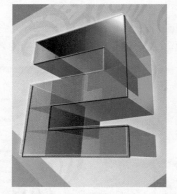
图3.88 填充后的效果

图3.89 "图层"面板

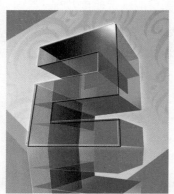
图3.90 盖印及调整位置

㉓ 单击添加图层蒙版按钮 为"图层9"添加蒙版，设置前景色为黑色，选择渐变工具，并在其工具选项条中单击线性渐变工具 ，单击渐变显示框，设置渐变类型为"前景色到透明度渐变"，从画布的底部至上方绘制渐变，得到的效果如图3.91所示。

㉔ 选择组"背景"，结合路径及渐变填充图层的功能，制作文字与其倒影间的白色渐变效果，如图3.92所示，同时得到"渐变填充15"。

图3.91 制作过渡效果

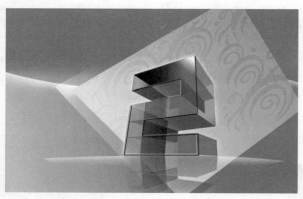
图3.92 制作白色渐变

㉕ 单击添加图层蒙版按钮 为"渐变填充15"添加蒙版，设置前景色为黑色，选择画笔工具 ，在其工具选项条中设置适当的画笔大小及不透明度，在图层蒙版中进行涂抹，以将两侧的图像隐藏起来，直至得到如图3.93所示的效果。

▶ |提示|至此，倒影效果已制作完成。下面制作装饰图像。

㉖ 选择"图层9",新建"图层10",设置前景色为白色,打开随书所附光盘中的文件"第3章\3.4-素材2.abr",选择画笔工具，在画布中单击右键,在弹出的画笔显示框选择刚刚打开的画笔,在文字的右上角单击,得到的效果如图3.94所示。

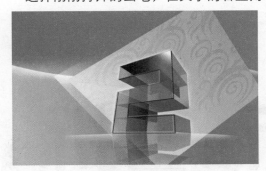

图3.93 隐藏两侧的图像

图3.94 在文字的右上角涂抹

㉗ 选择"滤镜"→"模糊"→"径向模糊"命令,设置弹出的对话框如图3.95所示,得到如图3.96所示的效果。

㉘ 按照第㉖步的操作方法,结合画笔工具及随书所附光盘中"第3章\3.4-素材3"文件夹中的画笔文件,制作文字右上角的白色散点图像,如图3.97所示。"图层"面板如图3.98所示。

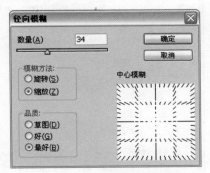

图3.95 "径向模糊"对话框

图3.96 模糊后的效果

图3.97 制作白色散点图像

| 提示 | 至此,装饰图像已制作完成。下面制作活动介绍文字,并应用"USM锐化"命令锐化图像细节,完成制作。

㉙ 选择组"主题",打开随书所附光盘中的文件"第3章\3.4-素材4.psd",按Shift键使用移动工具将其拖至上一步制作的文件中,得到的效果如图3.99所示,同时得到组"活动介绍"。

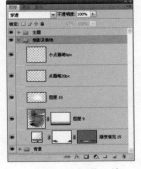

图3.98 "图层"面板

图3.99 拖入素材图像

③⓪ 按Ctrl+Alt+Shift+E键执行"盖印"操作，从而将当前所有可见的图像合并至一个新图层
中，得到"图层11"。选择"滤镜"→"锐化"→"USM锐化"命令，设置弹出的对话
框（如图3.100所示），图3.101所示为应用"USM锐化"命令前后对比效果。

图3.100 "USM锐化"对话框　　　　　　　　图3.101 应用"USM锐化"命令前后对比效果

③① 至此，完成本例的操作，最终整体效果如图3.102所示，"图层"面板如图3.103所示。

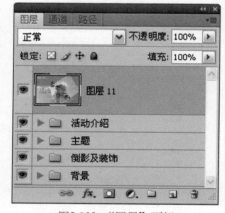

图3.102 最终效果　　　　　　　　　　　　图3.103 "图层"面板

> |提示| 本节最终效果为随书所附光盘中的文件"第3章\3.4.psd"。

❯技能总结

- 结合路径以及渐变填充图层的功能制作图像的渐变效果。
- 结合路径及用画笔描边路径的功能，为所绘制的路径进行描边。
- 使用形状工具绘制形状。
- 通过设置图层属性以混合图像。
- 利用图层蒙版功能隐藏不需要的图像。
- 利用剪贴蒙版功能限制图像的显示范围。
- 应用"渐变叠加"命令，制作图像的渐变效果。
- 结合画笔工具 ✐ 及特殊画笔素材绘制图像。

3.5 波普艺术海报设计

基本信息

学习难度：★★

主要技术： 图像调整命令、画笔绘图、调整图层、绘制形状

图层数量： 15

通道数量： 0

路径数量： 0

设计解析

本例是以波普艺术为主题的海报设计作品。在制作的过程中，主要利用Photoshop软件中的各种功能，对画面中的人物图像设计，达到波普风格的艺术效果。人物周围的喷溅、杂点、肌理以及文字图像也起着很好的装饰作用。

设计流程解析

用图3.104所示的流程图对制作过程进行了示意，并在下面分别解析各个制作步骤。

(a) 黑白　　　　　　　(b) 着色　　　　　　　(c) 文字及装饰

图3.104 波普艺术海报设计流程示意图

黑白

在为各部分图像着色前，首先需要确定出一个大致的颜色范围。在此，我们是结合图像调整命令，在原图像的基础上进行调整，创建得到一个黑、白分明的效果，其中白色图像部分即为后面要填充颜色的范围。

着色

对于人物图像的着色，主要是利用调整图层进行处理，而紫色图像则是依据上面创建的白色图像范围进行填充，并设置了适当的混合模式进行融合。

|文字及装饰|

在本例中，文字及其装饰图像也是一大看点。在处理过程中，除了使用较为特殊的字体来编辑文字外，还配合大量的特殊形态的画笔、在文字上添加装饰图像，使整体看来极具个性化效果。

> 操作步骤

① 打开随书所附光盘中的文件"第3章\3.5-素材1.psd"，如图3.105所示，将其作为本例的背景图像。

② 单击创建新的填充或调整图层按钮 ，在弹出的菜单中选择"色相/饱和度"命令，得到图层"色相/饱和度1"，设置弹出的面板（如图3.106所示），得到如图3.107所示的效果。

图3.105 素材图像 　　　　图3.106 "色相/饱和度"面板 　　　　图3.107 调色后的效果

> |提示|下面结合复制图层、调整命令、选区、图层属性以及形状工具等功能，制作人物图像。

③ 复制"背景"图层得到"背景 副本"，将此图层拖至"色相/饱和度1"上方，选择"图像"→"调整"→"阈值"命令，在弹出的对话框中设置"阈值色阶"数值为60，得到如图3.108所示的效果。

④ 选择魔棒工具 ，并在其工具选项条中设置"容差"为10，并确认"连续"选项未选中，在黑色区域单击以创建选区，新建"图层1"，设置前景色值为a305a5，按Alt+Delete键填充前景色，按Ctrl+D键取消选区，隐藏"背景 副本"，得到如图3.109所示的效果。

⑤ 设置"图层1"的混合模式为"变亮"，以混合图像，得到的效果如图3.110所示。

图3.108 应用"阈值"后的效果 　　　图3.109 填充后的效果 　　　图3.110 设置混合模式后的效果

⑥ 设置前景色值为fffc04，选择钢笔工具 ✍，在工具选项条上单击形状图层按钮 ▣，在人物的上方绘制如图3.111所示的形状，得到"形状1"。"图层"面板如图3.112所示。

> **|提示|** 本步骤中为了方便图层的管理，在此将制作人物的图层选中，按Ctrl+G键执行"图层编组"操作得到"组1"，并将其重命名为"人物"。在下面的操作中，笔者也对各部分进行了编组的操作，在步骤中不再叙述。下面制作装饰图像。

⑦ 在所有图层上方新建"图层2"，设置前景色为ff1604，打开随书所附光盘中的文件"第3章\3.5-素材2.abr"，选择画笔工具 ✍，在画布中单击右键，在弹出的画笔显示框选择刚刚打开的画笔，在画布中单击，得到的效果如图3.113所示。

图3.111 绘制形状　　　　　图3.112 "图层"面板　　　　　图3.113 单击后的效果

⑧ 按Ctrl+T键调出自由变换控制框，按Shift键向内拖动控制句柄以缩小图像、逆时针旋转3°左右及移动位置，按Enter键确认操作，得到的效果如图3.114所示。复制"图层2"得到"图层2副本"，利用自由变换控制框调整图像的大小及位置，得到的效果如图3.115所示。

⑨ 单击添加图层蒙版按钮 ▣ 为"图层2副本"添加蒙版，设置前景色为黑色，选择画笔工具 ✍，在其工具选项条中设置适当的画笔大小及不透明度，在图层蒙版中进行涂抹，以将下方的红色图像隐藏起来，直至得到如图3.116所示的效果。

图3.114 调整图像　　　　　图3.115 复制及调整图像　　　　　图3.116 隐藏下方的红色图像

⑩ 设置前景色值为ff0404，选择自定形状工具 ✍，在画布中单击右键，在弹出的形状显示框中选择"会话1"形状，在画布中绘制并利用自由变换控制框调整图像的大小、角度及位置，得到的效果如图3.117所示，同时得到"形状2"。

⑪ 按照第⑦~⑨步的操作方法，打开随书所附光盘中"第3章\3.5-素材3"文件夹中的相关
画笔，制作画面中的装饰图像，效果如图3.118所示。"图层"面板如图3.119所示。

  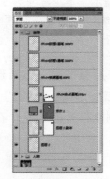

图3.117 绘制及调整图像　　　　图3.118 制作装饰图像　　　　图3.119 "图层"面板

> |提示| 本步骤中关于图像的颜色值、应用的画笔请参考最终效果源文件（图层名称上也有
> 相应的文字信息）。下面制作文字图像，完成制作。

⑫ 选择横排文字工具 T，设置前景色值为ff0404，并在其工具选项条上设置适当
的字体和字号，在画布顶部输入文字，如图3.120所示，并得到相应的文字图层
"ABDUZEEDO"。

⑬ 最后结合文字工具及变换功能，制作画面中的其他文字图像，完成制作最终效果
（如图3.121所示），"图层"面板如图3.122所示。

图3.120 输入文字　　　　　　图3.121 最终效果　　　　　图3.122 "图层"面板

> |提示| 本节最终效果为随书所附光盘中的文件"第3章\3.5.psd"。

﹥技能总结

- 应用"色相/饱和度"调整图层、图像的色相及饱和度。
- 应用"阈值"命令制作黑白图像。
- 通过设置图层属性以融合图像。
- 使用形状工具绘制形状。
- 结合画笔工具 及特殊画笔素材绘制图像。
- 利用图层蒙版功能隐藏不需要的图像。

3.6 舞厅宣传招贴

> ## 基本信息 ///

学习难度：★★

主要技术：绘制路径、填充图层、图层样式、图层属性、变换

图层数量：28

通道数量：0

路径数量：0

> ## 设计解析 ///

　　本例主体为一位舞者，从形态上表现出一种狂热与激情，这些舞厅所具有的杂乱的音符以及无规则形状也加强了画面的动感。

　　画面文字标题处理为对比较强列的黄色与红色，从而突出主题内容，并在画布的底部配以文字说明来介召详细内容。

> ## 设计流程解析 ///

　　用图3.123所示的流程图对制作过程进行了示意，并在下面分别解析各个制作步骤。

　　（a）背景　　　　　（b）人物与装饰　　　　（c）文字

图3.123 舞厅宣传招贴设计流程示意图

| 背景 |

　　本例是以圆角矩形及紫色的渐变作为背景，并使用黄色作为醒目的辅助色，用以增强整体的视觉冲击力。

　　在制作过程中，绘制图形属性是比较简单的操作，至于背景中的线条装饰，则是结合了绘制路径与描边路径功能制作得到的。

| 人物与装饰 |

　　此海报的主体是一个人物激情舞动的剪影图像，不但明确表达了活动场面的劲爆，更通

过剪影这种表现形式，给人一种神秘感，让人对这次活动更加充满好奇。

对于人物周围的图形，主体是用于对整体进行装饰，在制作过程中，可以结合自定形状工具 ✂ 及椭圆工具 ◯ 等，绘制大小、颜色不一的图形即可。

| 文字 |

为醒目地表现文字内容，此处的文字色彩以黄色作为主色，配以适当的黑色作为辅助，再配合图层样式为它们增加一些描边及投影特效。除此之外，右上方的文字还使用变换功能做了变形处理，使其在形态上显得更特别，从而更容易吸引浏览者的目光。

> 操作步骤

① 打开随书所附光盘中的文件"第3章\3.6-素材.psd"，"图层"面板如图3.124所示。

② 隐藏图层"素材1"，选择"背景"图层，将前景色设置为黑色，使用矩形工具 ▭，并激活形状图层命令按钮 ▢，在画布内绘制形状，状态如图3.125所示，得到图层"形状 1"。

③ 将前景色值设置为fff405，选择圆角矩形工具 ▢，激活形状图层命令按钮 ▢，设置"半径"为20像素，在画布中间绘制一个圆角矩形，状态如图3.126所示，得到"形状 2"。

图3.124 "图层"面板

图3.125 绘制形状

图3.126 绘制圆角矩形

④ 复制"形状 2"得到"形状 2 副本"，将其向下垂直拖动到如图3.127所示的状态。然后复制"形状 2"得到"形状 2 副本 2"，按Ctrl+T键调出自由变换控制框，将图像缩放到如图3.128所示的状态，按Enter键确认变换。

⑤ 单击添加图层样式命令按钮 ƒx，在弹出的菜单选择"渐变叠加"命令，弹出的对话框设置如图3.129所示，确认后得到如图3.130所示的效果。

图3.127 复制圆角矩形

图3.128 再次复制并调整状态

图3.129 "渐变叠加"设置参数

图3.130 添加图层样式后的效果

> **| 提示 |** 在"渐变叠加"对话框中,渐变类型为"从dc3c89到480829"。下面制作无机底纹。

⑥ 新建一个图层得到"图层 1",将其拖到图层最顶层,将前景色设置为白色,设置画笔为1像素。选择钢笔工具 ✎,单击路径按钮 ,绘制一些杂乱无章的路径,如图3.131所示。

⑦ 在选择钢笔工具 ✎ 的状态下右击,在弹出菜单选择"描边路径"命令,在弹出的对话框中选择"画笔",并取消"模拟压力"选项,确认后得到如图3.132所示的效果,将图层"不透明度"设置为70%,以降低图像的透明度。

图3.131 绘制路径

图3.132 描边效果

> **| 提示 |** 至此,无机底纹已制作完成。下面处理人物效果。

⑧ 显示图层"素材1",将图层名称修改为"图层2",并配合自由变换控制框调整到如图3.133所示的状态,添加剪贴调整图层"色相/饱和度 1",得到图3.134所示的效果。

⑨ 单击添加图层蒙版命令按钮 ,为"图层 2"添加蒙版,选择矩形选框工

图3.133 添加素材

图3.134 调整颜色的状态

具 ,绘制如图3.135所示的选区,并使用黑色填充蒙版,按Ctrl+D键取消选区,得到如图3.136所示的效果。

⑩ 给"图层 2"添加"投影"图层样式,确认后得到如图3.137所示的效果。

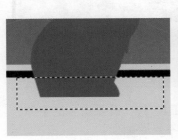

图3.135 绘制选区

图3.136 添加蒙版

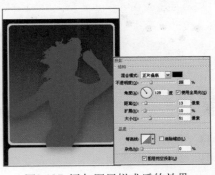

图3.137 添加图层样式后的效果

> **|提示|** 至此，人物图像已处理完成。下面利用形状制做修饰。

⑪ 将"图层 1"为当前操作图层，选择自定形状工具 🖌，单击形状图层按钮 ◻，在画布中单击右键，在弹出的形状显示框中分别选择"雪花1"、"红心"、"八分音符"、"十六分音符"以及"高音谱号"选项，在人物图像的左右两侧进行绘制，结合路径选择工具 ▶ 以及变换功能，调整图像的位置，得到的效果如图3.138所示，同时得到"形状3"～"形状7"。"图层"面板如图3.139所示。

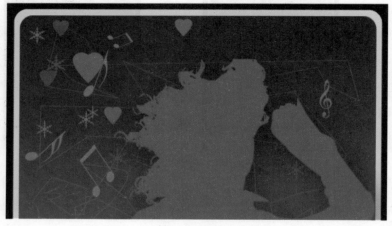
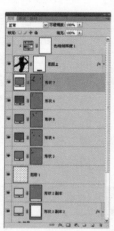

图3.138 绘制形状　　　　　　　　　　　　　图3.139 "图层"面板

> **|提示|** 绘制形状时，在绘制完第一个形状后要单击添加到形状区域命令按钮 ◻，这样不会生成很多形状图层。关于图像的颜色值请参考最终效果源文件。下面利用画笔修饰底纹。

⑫ 新建一个图层，得到"图层 3"，选择画笔工具 🖌，设置参数如图3.140所示，使用色值为da127c的颜色来绘制图像，效果如图3.141所示。

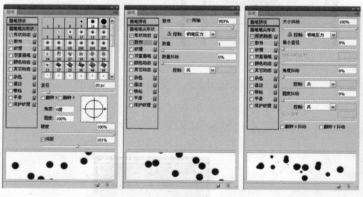

图3.140 "画笔"面板　　　　　　　　　　　图3.141 绘制圆点的效果

> **|提示|** 下面处理文字效果。

⑬ 将前景色值设置为fff405，选择图层最顶层，使用横排文字工具 T，设置适当的字体、字号，在画布的下部输入文字，状态如图3.142所示，得到两个文字图层。

⑭ 选择两个文字图层，按Ctrl+Alt+E键合并拷贝图层，得到
"DISSCO,CLUB（合并）"，给图层添加图层样式，设
置如图3.143所示，确认后得到如图3.144所示的效果。

▶ |提示|在"描边"对话框中，颜色块的颜色值为c21b71。

图3.142 输入文字

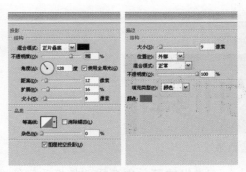

图3.143 "图层样式"对话框　　　　图3.144 添加图层样式的效果

⑮ 复制"DISSCO,CLUB（合并）"得到"DISSCO,CLUB（合并） 副本"，给图层添加图
层样式"描边"，设置参数及效果图如图3.145所示。

图3.145 更改图层样式的效果

⑯ 选择最顶图层，结合矩形工具□、添加锚点工具❖及直接选择工具 ▶，制做形状并输
入文字，效果如图3.146所示，得到图层"形状 8"和"形状 9"及对应的文字图层。

图3.146 制作形状并输入文字的效果

▶ |提示|下面编辑主体文字，完成制作。

⑰ 将前景色设置为黑色，选择横排文字工具 **T**，设置适当的字体、字号并输入文字"带你去纽约HI舞"，得到对应的文字图层，添加图层样式设置如图3.147所示，确认后得到如图3.148所示的效果。

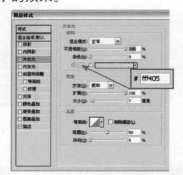 

图3.147 "图层样式"对话框

图3.148 添加发光及描边效果

⑱ 在文字图层"带你去纽约HI舞"的图层名称上右击，在弹出的菜单中选择"转换为智能对象"命令。

▶ | **提示** | 将图像转化为智能对象图层的目的是，可以将所有的图层效果合在一起，在下面的操作中都会随文字变形而变动。

⑲ 应用"编辑"→"变换"→"变形"命令，调整控制柄到如图3.149所示的状态，按Enter键确认变换，并使用移动工具 ▶ 调整到如图3.150所示的状态，完成作品，"图层"面板如图3.151所示。

图3.149 调整"变形"的状态

图3.150 最终效果

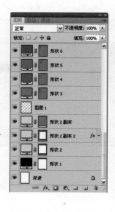 

图3.151 "图层"面板

> |**提示**|本节最终效果为随书所附光盘中的文件"第3章\3.6.psd"。

❯技能总结 //

- 使用形状工具绘制形状。
- 通过添加图层样式，制作图像的渐变、描边等效果。
- 结合路径及用画笔描边路径的功能，为所绘制的路径进行描边。
- 利用图层蒙版功能隐藏不需要的图像。
- 应用画笔工具 ✐，配合"画笔"面板中的参数，制作特殊的图像效果。
- 应用"变形"命令使图像变形。

第4章

图书封面

4.1 封面设计

在任意一个实体或网络书店，我们都可以看到种类丰富的图书，而这些书籍都需要进行或多或少的装帧设计，因此书籍装帧设计成为一个相当庞大的商业平面设计领域。具体来说，书籍装帧设计是指对一本图书进行的具体设计，其中包括以下各项设计内容：

- 图书开本大小及形态设计。
- 封面用纸及相对应印刷工艺的选择。
- 书装设计，即封面、护封、书脊、勒口、封套、腰封的一系列设计。
- 版式设计，包括页眉、页脚，正文的字体字号，正文的段落行间距、字间距，正文分栏情况，页码及其他装饰元素设计。

大部分设计师遇到的都是普通的封面设计工作，它是由正封、书脊及封底三大部分组成，另外也有一些图书也会在正封或封底处增加一个向内的折页，即勒口。图4.1所示是一幅完整的封面设计作品，其中就包括了以上提到的封面组成部分。

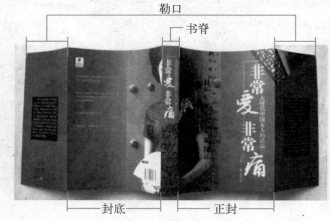

图4.1 具有勒口的图书封面

下面介绍一下封面设计中图像、文字及色彩三大元素的设计要点。

4.1.1 图像元素设计

书籍封面的图像对书籍内容的表现起着重要的作用，如果运用得当，不仅能够在最短的时间内将书籍的内容正确地传达给读者，而且能够增加书籍整体的美感、提高书籍本身的档次，同时增加封面的说服力。

在封面中使用的图像，包括摄影照片、艺术插图、写实或抽象的图案、写意国画等，类别不一而足。具体而言，少儿类读物的读者文化程度较低，思想较为简单，因此在设计此类图书的封面时通常使用具象的图像，能够使读者产生直观的联想。

科技读物及建筑、生活类图书，经常在书籍的封面中使用实拍照片，从而使图书主题的传达更加准确，而且更具有亲和力，能够迅速拉近读者与书籍的距离，如图4.2所示。

图4.2 封面使用实拍照片的书籍

有些科技、政治、教育等方面的书籍封面设计，有时很难用具体的图像去表现，可以运用抽象的形式表现，使读者意会到其中的含义，如图4.3所示。文学类图书的封面设计非常灵活，可以根据图书的主题，使用具象的照片、绘制的插画以及抽象的图形等，如图4.4所示。

图4.3 封面表现形式抽象的书籍

图4.4 文学类封面设计作品

4.1.2 文字元素设计

文字是任何一个封面作品中都必不可少的内容，比如最基本的书名、作者姓名等，除此之外，加入一定的文字内容并配合适当的编排，可以在很大程度上帮助读者理解图书内容，同时增加封面的美观程度。

在具体的表现手法上，可以从形态、质感及维度等多方面入手，对文字进行特效处理。当然，在编排合理的情况下，仅针对文字的基本属性，如大小、位置及颜色等进行编辑，也能够得到很好的视觉效果，如图4.5所示。

图4.5 使用不同特效文字的封面作品

从上面的示例也不难看出，其实维度变化与质感变化往往是结伴而生的。以此为思维的起点，我们还可以联想到比如维度变化与形态变化的结合、形态的变化与质感变化的结合等更多的文字特效表现手法。

4.1.3 色彩元素设计

相对于前面介绍的图像元素及文字元素设计，色彩元素设计则显得比较抽象，通常是用于平衡前二者之间的关系，甚至色彩搭配的优劣，决定了它是否能够在较远的距离上或者众多的图书当中脱颖而出。

另外，色彩不仅对读者具有视觉上的吸引力，还能够通过心理的暗示作用影响读者在心理上对于该图书的认可及内容的认知。为图书进行色彩搭配，不仅要求美观，更要与图书的内容相适配，能够引发读者对图书内容产生正确的联想。因此，搭配颜色在封面设计中的作用就显得尤为重要了。

例如，图4.6所示是一些采用不同的颜色搭配方式得到不同视觉效果的封面作品。

图4.6 不同色彩相搭配的封面作品

在上面我们提到了一些在设计封面时，在色彩、文字、图像方面应该注意的规则与方法，但实际上，设计可以说是一种纯思维性的活动，而面对的读者又是千人千面，每个人的审美角度都不尽相同。因此，在实际工作中需要根据自己的判断进行实际创作，当然在初入设计行业时，遵从一定的规则并模仿优秀的封面设计，不失为一个快速成长的方法。可以从发现前人设计中的亮点到找到其中的不足，直到形成自己独特的风格这样的一个过程中，提高自己的设计水平。

4.2 《用人经典》封面设计

❯基本信息

学习难度： ★★★★

主要技术： 通道、混合模式、图层蒙版、渐变填充、图层样式

图层数量： 29

通道数量： 0

路径数量： 2

设计解析

本例是书籍的封面设计，书籍的内容是谈论与点评古人的用人策略，由深到浅的茶色调与繁体字的恰当出现，以及隶书与楷体文字的大量应用，都可以读出古人智慧的韵味。

设计流程解析

用图4.7所示的流程图对制作过程进行了示意，并在下面分别解析各个制作步骤。

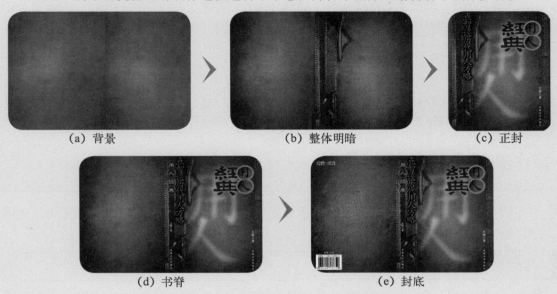

（a）背景　　　　　　　（b）整体明暗　　　　　　　（c）正封

（d）书脊　　　　　　　　　　　　（e）封底

图4.7　《用人经典》封面设计流程示意图

|背景|

本例的封面是将粗糙、斑驳的纹理素材，使用混合模式功能融合在一起，从而合成得到带有一定颗粒感的背景纹理。

|整体明暗|

正封与封底区域都是按照中间亮、四周暗的形式进行涂抹的，在制作过程中，将结合画笔绘图及混合模式功能进行处理。

另外，在靠近书脊区域的位置，设计师添加了一幅中国古代建筑的图像，并使用混合模式等功能对图像进行了一定的调色处理，用以暗示本书与中国古代的管理方式之间的联系。

|正封|

正封是整个封面中最重要的一部分，在本例中，除了前面在靠近书脊的位置添加了中国古典建筑图像外，正封的背景中还添加了柔和边缘的"用人"二字，而在其右上方则是采用了半书法字半印刷字的书名。

从构成上而言，背景中的文字与右上角的书名，在正封的画面中形成了一个位置上的平衡，此时如果去除背景中的"用人"二字，那么正封中间以下的区域就会显得有些空；从视觉上讲，背景中的"用人"二字相对还是比较清晰的，尤其在远观时，甚至比书名文字更能够让浏览者明白该图书所讲解的内容，同时也点明了本书的主题，可谓是一举三得。

至于正封中的其他内容，除作者姓名及出版社名称为必要元素外，其他内容可根据实际情况进行合适的编排。

| 书脊 |

书脊是封面的第二张脸，而且在很多时候图书是被摆放在书架上进行销售，此时浏览者能够在第一时间看到的就是书脊，因此它在很大程度上也起到了吸引目光的作用。

在设计书脊时，当然是继承了正封中的部分图像以及整个封面的设计风格，配合适当的图形、文字等元素的安排，使整个书脊简洁、有力，容易让浏览者在最短的时间内对图书有一个基本的印象。

| 封底 |

在本例中，封底设计得比较简洁，仅使用镂空的花朵素材图像，结合混合模式及图层样式功能为其添加一些浮雕效果，此外就是一些必要的封底设计元素，比如条形码、定价等。

〉操作步骤

① 按Ctrl+N键新建一个文件，如图4.8所示设置弹出的对话框，单击"确定"按钮退出对话框，以创建一个新的空白文件。

> | **提示** | 首先为整个封面划分区域。

② 按Ctrl+R键显示标尺，按照下面的提示内容在画布中添加辅助线以划分封面中的各个区域，如图4.9所示。

图4.8 "新建"对话框

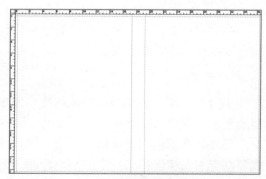

图4.9 显示标尺并添加出血

> | **提示** | 在"新建"对话框中，封面的宽度数值为正封宽度（170mm）+书脊宽度（20mm）+封底宽度（170mm）+左右出血（各3mm）=366mm，封面的高度数值为上下出血（各3mm）+封面的高度（240mm）=246mm。下面制作整体封面效果。

③ 打开随书所附光盘中的文件"第4章\4.2-素材1.tif"，使用移动工具 将其移动到当前文件中来，按Ctrl+T键调出自由变换控制框，向变换控制框内部拖动控制句柄，以缩小图像，放置于图像的右侧位置，按Enter键确认操作，如图4.10所示，得到"图层1"。

④ 复制"图层1"得到"图层1副本"，使用移动工具 将其移动到封底的位置，按Ctrl+T
键调出自由变换控制框，向变换控制框外部拖动控制句柄，以放大图像，直至覆盖整个
封底，按Enter键确认操作，得到如图4.11所示的效果。

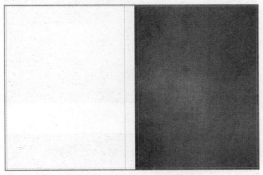

图4.10 拖入素材图像

图4.11 复制图像

⑤ 打开随书所附光盘中的文件"第4章\4.2-素材2.tif"，使用移动工具 将其移动到当前
文件中来，按Ctrl+T键调出自由变换控制框，向变换控制框内部拖动控制句柄，以缩小
图像，放置于图像的右侧位置，按Enter键确认操作，设置其混合模式为"正片叠底"，
如图4.12所示，得到"图层2"。

⑥ 复制"图层2"得到"图层2副本"，使用移动工具 将其移动到封底的位置，按Ctrl+T
键调出自由变换控制框，向变换控制框外部拖动控制句柄，以放大图像，直至覆盖整个
封底，按Enter键确认操作，得到如图4.13所示的效果。

图4.12 拖入素材图像

图4.13 复制图像

▶ |提示|下面制作书籍及正封图像。

⑦ 打开随书所附光盘中的文件"第4章\4.2-素材3.psd"，使用移动工具 将其移动到当前
文件中来，将得到的图层重命名为"图层3"，按Ctrl+T键调出自由变换控制框，在变换
控制框中单击右键，在弹出的快捷菜单中选择"旋转90度（顺时针）"命令，向变换控
制框内部拖动控制句柄，以缩小图像，放置于图像的中间位置，按Enter键确认操作，设
置其不透明度为65%，得到如图4.14所示的效果。

⑧ 按Ctrl键单击"图层3"的图层缩览图调出选区，选择矩形选框工具 ，按住Alt键在原
选区的基础上减去正封外的选区，得到如图4.15所示的选区。

图4.14 拖入素材图像并旋转角度

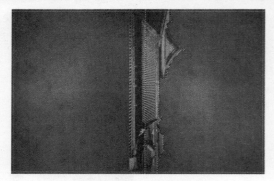

图4.15 减去选区后的效果

⑨ 新建一个图层得到"图层4"，设置前景色的颜色值为eb8a00，按Alt+Delete键填充前景色，按Ctrl+D键取消选区，设置"图层4"的混合模式为"正片叠底"，得到图4.16所示的效果。

图4.16 设置"正片叠底"后的效果

⑩ 选择矩形选框工具，在正封的位置上绘制选区，如图4.17所示。单击创建新的填充或调整图层按钮，在弹出的菜单中选择"渐变"命令，设置弹出的对话框（如图4.18所示），得到如图4.19所示的效果，同时得到图层"渐变填充1"。

图4.17 绘制选区

图4.18 "渐变填充"对话框

图4.19 "渐变填充"后的效果

|提示|在"渐变填充"对话框中，渐变类型的各色标颜色值从左至右分别为黑色、透明。

⑪ 继续绘制同上一步骤一样的选区，单击创建新的填充或调整图层按钮，在弹出的菜单中选择"渐变"命令，设置弹出的对话框（如图4.20所示），得到如图4.21所示的效果，同时得到图层"渐变填充2"。

|提示|在"渐变填充"对话框中，渐变类型的各色标颜色值从左至右分别为黑色、透明。

⑫ 按住Ctrl键分别单击"渐变填充1"和"渐变填充2"的名称，以将这些图层选中，按 Ctrl+Alt+E键执行"盖印"操作，从而将选中图层中的图像合并至一个新图层中，并将其重命名为"图层5"。设置其混合模式为"叠加"，删除"渐变填充1"和"渐变填充2"后得到如图4.22所示的效果。

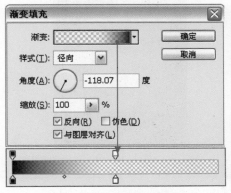

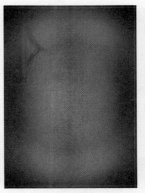

图4.20 "渐变填充"对话框 　　　图4.21 制作渐变效果 　　图4.22 设置混合模式后的效果

⑬ 复制"图层5"得到"图层5副本"，使用移动工具 将其移动到封底的位置，按Ctrl+T键调出自由变换控制框，向变换控制框外部拖动控制句柄，以放大图像，直至覆盖整个封底，按Enter键确认操作，得到如图4.23所示的效果。

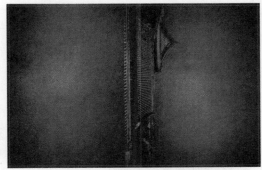

> | 提示 | 封面的纹理基本已完成，下面在正封输入封面的主题文字。

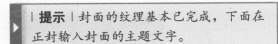

图4.23 复制图层及调整图像的大小

⑭ 选择横排文字工具 T，设置前景色的颜色值为黑色，并在其工具选项条上设置适当的字体和字号，分别在正封上输入文字"用"、"人"，如图4.24所示。按Ctrl+E键向下合并文字图层"用"、"人"，得到"人"图层。

⑮ 按Ctrl键单击图层"人"图层缩览图调出选区，删除"人"图层，如图4.25所示。按 Shift+F6键应用"羽化"命令，在弹出的对话框中设置"羽化半径"数值为20，单击 "确定"按钮退出对话框，得到如图4.26所示的选区状态。

图4.24 输入文字 　　　　图4.25 调出选区 　　　　图4.26 羽化后的效果

⑯ 单击创建新的填充或调整图层按钮 ，在弹出的菜单中选择"渐变"命令，设置弹出的对话框（如图4.27所示），按"确定"键确认操作，得到图层"渐变填充3"，设置其混合模式为"叠加"，填充值为80%，得到如图4.28所示的效果。

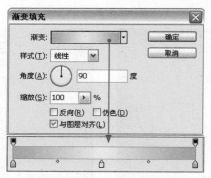

图4.27 "渐变填充"对话框

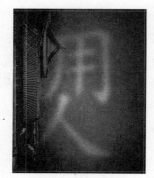

图4.28 "渐变填充"后的效果

> **提示** 在"渐变填充"对话框中，渐变类型的各色标颜色值从左至右分别为ecba97、fcf0e8、ecb996。

⑰ 打开随书所附光盘中的文件"第4章\4.2-素材4.psd"，使用移动工具 将其移动到当前文件，按Ctrl+T键调出自由变换控制框，向变换控制框内部拖动控制句柄，以缩小图像，放置于正封的上面位置，按Enter键确认操作，将得到的图层重命名为"图层6"，设置其不透明度为59%，得到如图4.29所示的效果。

⑱ 单击添加图层样式按钮 _fx_，在弹出的菜单中选择"外发光"命令，设置弹出的对话框如图4.30所示，得到如图4.31所示的效果。

图4.29 设置不透明度后的效果

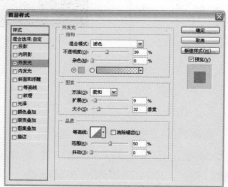

图4.30 "外发光"对话框

图4.31 制作发光效果

> **提示** 在"外发光"对话框中，颜色块的颜色值为f5c376。主题文字已制作完成，下面来为主题文字做些小装饰。

⑲ 选择椭圆工具 ，在工具选项条上单击路径按钮 ，在其工具选项条中单击添加到路径区域按钮 ，在正封的右上角绘制路径，如图4.32所示。

⑳ 按Ctrl+Enter键将当前路径转换成为选区，选择"图层1"，按Ctrl+J键复制"图层1"得到"图层7"，拖动"图层7"至"图层6"的上方，得到如图4.33所示的效果。

㉑ 单击添加图层样式按钮 _fx_，在弹出的菜单中选择"内阴影"命令，设置弹出的对话框

（如图4.34所示），然后在"图层样式"对话框中继续选择"描边"选项，设置其对话框（如图4.35所示），得到如图4.36所示的效果。

图4.32 绘制路径

图4.33 复制图层

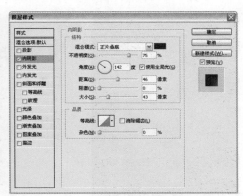

图4.34 "内阴影"对话框

| 提示 | 在"内阴影"对话框中，颜色块的颜色值为231815。在"描边"对话框中，颜色块的颜色值为ab7949。

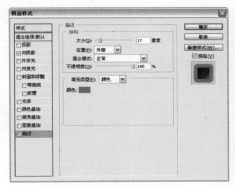

图4.35 "描边"对话框

图4.36 制作阴影及描边效果

㉒ 选择横排文字工具 T ，设置前景色的颜色值为黑色，并在其工具选项条上设置适当的字体和字号，在圆形形状的上方输入文字，如图4.37所示。

㉓ 按Ctrl键单击"图层7"的图层缩览图调出选区，单击添加图层蒙版按钮 [图] 为"图层7"添加蒙版，得到如图4.38所示的效果，此时蒙版中的状态如图4.39所示。

㉔ 选择直排文字工具 T ，设置前景色的颜色值为白色，并在其工具选项条上设置适当的字体和字号，在正封的左侧输入文字，并设置刚刚输入的文字图层的填充值为45%，得到如图4.40所示的效果。

图4.37 输入文字"用人"

图4.38 添加图层蒙版

图4.39 图层蒙版的状态

㉕ 单击添加图层样式按钮 **fx.**，在弹出的菜单中选择"外发光"命令，设置弹出的对话框
（如图4.41所示），得到如图4.42所示的效果。

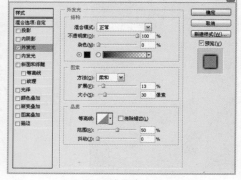

图4.40 输入文字　　　　　　　图4.41 "外发光"对话框　　　　图4.42 制作文字的发光效果

> ▶ **提示** 下面结合文字工具及形状工具完成整个正封的制作。

㉖ 选择横排文字工具 **T**，设置前景色的颜色值为a28c6e，并在其工具选项条上设置适当的
字体和字号，在图像的右侧拖动鼠标拖出一个矩形文本框，在其中输入文字，如图4.43
所示，按小键盘的Enter键确认操作，设置其填充值为50%。

㉗ 重复上面的操作，继续分别输入文字，并分别使用移动工具 **▶⊕** 向下移动，分别设置文
字图层的不透明度为50%，得到如图4.44所示的效果。

㉘ 选择矩形工具 **▭**，在工具选项条上单击形状图层按钮 **▱**，设置前景色的颜色值为
ab7949，在图像的右上角绘制矩形形状，如图4.45所示，得到图层"形状1"。

图4.43 输入文字　　　　　　　图4.44 复制文字　　　　　　　图4.45 绘制形状

㉙ 按Ctrl+Alt+T键调出自由变换并复制控制框，按住Shift+Alt键向变换控制框内部拖动右
下角控制句柄，以缩小复制的形状，得到的效果如图4.46所示，按Enter键确认操作。

㉚ 在其工具选项条中单击从形状区域减去命令按钮 **▢**，得到如图4.47所示的形状。选择路
径选择工具 **▶**，全选中方形形状，按住Alt键向下拖动三次以复制出三个新的形状，依
次向下摆放，设置"形状1"的混合模式为"强光"，得到如图4.48所示的效果。

图4.46 自由变换并复制

图4.47 从形状区域减去命令按钮

图4.48 复制形状并设置混合模式

▶ |提示| 至此，正封已制作完成。下面绘制书脊和封底，完成制作。

㉛ 根据前面所介绍的操作方法，结合文字工具、素材图像、图层样式以及图层属性等功能，制作书脊和封底中的内容图像，如图4.49所示。"图层"面板如图4.50所示。

▶ |提示| 本步骤中关于图像的颜色值、图层属性以及图层样式对话框中的参数设置请参考最终效果源文件。所应用到的素材为随书所附光盘中的文件"第4章\4.2-素材5.psd"和"第4章\4.2-素材6.tif"。

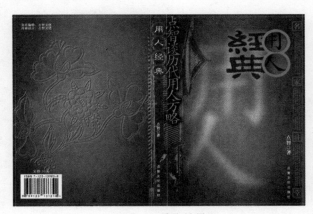
图4.49 最终效果图

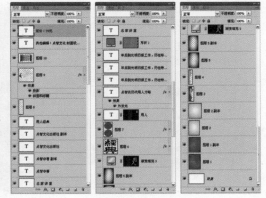
图4.50 "图层"面板

▶ |提示| 本节最终效果为随书所附光盘中的文件"第4章\4.2.psd"。

≫ 技能总结

● 结合标尺及辅助线功能划分封面中的各个区域。
● 通过设置图层属性以混合图像。
● 应用渐变填充图层的功能制作图像的渐变效果。
● 通过添加图层样式，制作图像的发光、阴影等效果。
● 应用路径工具绘制路径。
● 利用图层蒙版功能隐藏不需要的图像。

4.3 《煮酒论道》封面设计

> **基本信息** ////////////////////////

学习难度：★★

主要技术：图层样式、图像调整、调整图层、混合模式、图层蒙版

图层数量：31

通道数量：0

路径数量：0

> **设计解析** ////////////////////////////

　　该作品整个色调为淡黄色调，给人一种怀旧的感觉，设计者以"煮酒论道"突出本例的主题，并巧妙地把酒盅作为字的中心笔画，从而将二者完美地结合起来，最后在版面上加上相应的文字再次点明了整个作品的主题。

> **设计流程解析** ////////////////////////////

　　用图4.51所示的流程图对制作过程进行了示意，并在下面分别解析各个制作步骤。

(a) 背景与书名　　　　　(b) 酒樽　　　　　(c) 其他元素

图4.51 《煮酒论道》封面设计流程示意图

| 背景与书名 |

　　本例是以"煮酒论道"这样古意十足的文字作为书名，因此在设计的风格上自然要突出一种历史的厚重感。首先在封面的背景上，使用了一幅粗糙质感的纹理，书名文字采用了书法体的繁体文字。

　　另外，为了突出正封与封底、书脊之间的区别，刻意地将正封做了一些提亮处理。

| 酒樽 |

　　书名中提到"酒"字，因此在正封中，设计师摆放了一个古代的金属酒樽，配合混合模式及图层蒙版的处理，为其叠加了一个特殊的颜色，从而在视觉上显得更加突出一些。

| 其他元素 |

除上述两部分内容以外，虽然都被归结为其他元素类，但它们之间也可以区分出不同的重要程度，简单来说就是"正封>书脊>封底"，尤其正封中间的一竖排黑点文字与祥云图形的搭配，虽然技术简单，但却设计感实足。

›操作步骤 ///

① 按Ctrl+N键新建一个文件，设置弹出的对话框（如图4.52所示），单击"确定"按钮退出对话框，以创建一个新的空白文件。

> | 提示 | 在"新建"对话框中，封面的宽度数值为正封宽度（184mm）+书脊宽度（12mm）+封底宽度（184mm）+左右出血（各3mm）=386mm，封面的高度数值为上下出血（各3mm）+封面的高度（260mm）=266mm。

② 按Ctrl+R键显示标尺，按照上面的提示内容在画布中添加辅助线以划分封面中的各个区域，如图4.53所示。再次按Ctrl+R键以隐藏标尺。按Ctrl+；键隐藏辅助线。

> | 提示 | 隐藏辅助线的目的是，为了方便观看图像效果，若有需要可以随时显示辅助线，同样按Ctrl+；键显示辅助线。

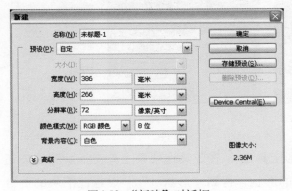

图4.52 "新建"对话框

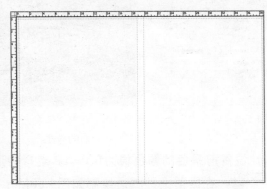

图4.53 划分区域

③ 打开随书所附光盘中的文件"第4章\4.3-素材1.tif"，如图4.54所示。使用移动工具 ⊕ 将其拖至当前文件中，得到"图层 1"。按Ctrl+T键调出自由变换控制框，按Shift键向内拖动控制句柄以缩小图像与当前画布同样的大小，按Enter键确认操作。

图4.54 打开的素材1图像

④ 打开随书所附光盘中的文件"第4章\4.3-素材
2.psd",将"素材2"文件中4个图层全部选中,使
用移动工具 将其拖至刚制作的文件中,得到"图
层 2"~"图层 5"。

⑤ 分别选择"图层 2"~"图层 5",将其中的图像按
图4.55所示的位置进行摆放。选中此4个图层,再按
Ctrl+Alt+E键执行"盖印"操作,从而将选中图层中
的图像合并至一个新图层中,并将其重命名为"煮
酒论道"。

图4.55 摆放位置

⑥ 隐藏"图层 2"~"图层 5",选择"煮酒论道", 单击添加图层样式按钮 fx.,在弹出
的菜单中选择"外发光"命令,设置弹出的对话框(如图4.56所示),得到如图4.57所
示的效果。设置此图层的混合模式为"变亮",得到如图4.58所示的效果。"图层"面
板如图4.59所示。

▶ |提示|在"外发光"对话框中,渐变类型为从黑色到透明。

图4.56 "外发光"对话框　图4.57 应用"外发光"命令　　图4.58 设置"变亮"后　　图4.59 "图层"
　　　　　　　　　　　　　后的效果　　　　　　　　　的效果　　　　　　面板

⑦ 设置前景色的颜色值为fcf9ef,选择矩形工具 ,在工具选项条上单击形状图层按钮
 ,在当前文件右边绘制如图4.60所示的形状,得到"形状 1"。设置此图层的混合
模式为"柔光",得到如图4.61所示的效果。

图4.60 绘制形状

图4.61 设置"柔光"后的效果

⑧ 打开随书所附光盘中的文件"第4章\4.3-素材3.psd",使用移动工具 将其拖至刚制作

的文件中，得到"图层 6"。 按Ctrl+T键调出自由变换控制框，将其缩小图像及移动位置，按Enter键确认操作，效果如图4.62所示。

⑨ 选择"图层 6"，新建"图层 7"。按Ctrl键单击"图层 6"图层缩览图以载入其选区，设置前景色的颜色值为a10e20。按Alt+Delete键以前景色填充。按Ctrl+D键取消选区，得到如图4.63所示的效果。设置此图层的混合模式为"色相"，得到如图4.64所示的效果。

图4.62 摆放位置

图4.63 填充效果

图4.64 设置混合模式后的效果

⑩ 复制"图层 6"得到"图层 6 副本"，并将其拖至"图层 7"上方。按Ctrl+L键调出"色阶"命令，设置弹出的对话框（如图4.65所示），单击"确定"按钮退出对话框，得到如图4.66所示的效果。

⑪ 选择"图层 6 副本"，单击添加图层蒙版命令按钮 ◻️ ，选择画笔工具 ✏️ ，设置前景色的颜色值为黑色，在图层蒙版中进行涂抹，以将右边的部分图像隐藏起来，直至得到如图4.67所示的效果。

▶ |提示| 至此，我们已经完成了对酒樽颜色的调整，下面给酒樽做投影。

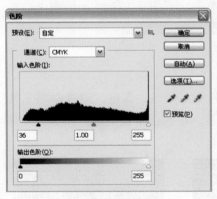
图4.65 "色阶"对话框

图4.66 应用"色阶"后的效果

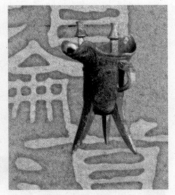
图4.67 添加图层蒙版后的效果

⑫ 选择"形状 1"作为当前图层，新建"图层 8"。按Ctrl键单击"图层 6"图层缩览图以载入其选区，选择矩形选框工具 ⬚ ，在选区内单击右键，并在弹出的菜单中选择"变换选区"命令。

⑬ 顺时针旋转56°左右，并移到酒盅右下方位置，按Ctrl键拖动各个角的控制句柄，按Enter键确认操作，得到如图4.68所示的选区。设置前景色的颜色值为黑色，按

Alt+Delete键填充前景色，按Ctrl+D键取消选区，设置"图层 8"的填充为14%，得到图4.69所示的效果。

⑭ 选中"图层 8"~"图层 6 副本"，按Ctrl+Alt+E键执行"盖印"操作，从而将选中图层中的图像合并至一个新图层中，并将其重命名为"酒盅"。

⑮ 按Ctrl+T键调出自由变换控制框，在控制框内单击右键，并在弹出的菜单中选择"水平翻转"命令，向外拖动控制句柄以放大图像移向当前文件左边位置，按Enter键确认操作，得到如图4.70所示的效果。设置图层"酒盅"不透明度为18%，效果如图4.71所示。

图4.68 变换得到的选区　　图4.69 设置填充后的效果　　图4.70 变换图像　　图4.71 设置不透明度后的效果

⑯ 复制"煮酒论道"得到"煮酒论道 副本"，并将其拖至所有图层上方。按Ctrl+T键调出自由变换控制框，缩小图像及移动位置并按Enter键确认操作，得到如图4.72所示的效果。"图层"面板如图4.73所示。

⑰ 打开随书所附光盘中的文件"第4章\4.3-素材4.tif"，使用移动工具 将其拖至刚制作的文件左下角如图4.74所示的位置，得到"图层 9"，设置此图层的混合模式为"正片叠底"，得到的效果如图4.75所示。

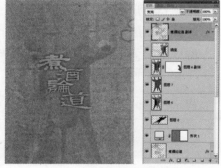

图4.72 复制并变换文字　图4.73 "图层"面板

⑱ 单击添加图层蒙版按钮 为"图层 9"添加蒙版，设置前景色为黑色，选择画笔工具 ，在其工具选项条中设置适当的画笔大小及不透明度，在图层蒙版中进行涂抹，以将右边部分图像隐藏起来，直至得到如图4.76所示的效果。

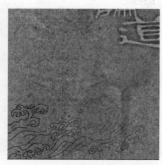

图4.74 摆放素材　　　　图4.75 设置混合模式后的效果　　图4.76 添加图层蒙版后的效果

⑲　选择"图层 9"，新建"图层 10"。选择矩形选框工具 ⬚，按Ctrl键单击"形状 1"图层缩览图以载入其选区。设置前景色的颜色值为黑色，按Alt+Delete键填充前景色，得到如图4.77所示的效果。

⑳　保持选区，选择椭圆选框工具 ◯，并在其工具选项条中单击从选区减去命令按钮 ⌐ 并设置"羽化"值为100px。在黑色矩形中间绘制如图4.78所示的选区。按Ctrl+Shift+I键执行"反向"操作，以反向选择当前的选区。按Delete键删除选区中的图像，按Ctrl+D键取消选区。得到如图4.79所示的效果。

图4.77 填充选区

图4.78 相减得到的选区

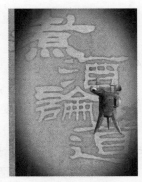

图4.79 删除选区内图像后的效果

▶ |提示| 如果绘制椭圆选区的位置有所偏差，可使用方向键进行调整。

㉑　设置"图层 10"的混合模式为"亮光"，效果如图4.80所示。选择椭圆工具 ◯，在工具选项条上单击形状图层按钮 ⬜ 及添加到形状区域命令按钮 ◳，设置前景色的颜色值为黑色，按Shift键在当前文件右边绘制如图4.81所示的正圆，得到"形状 2"。

㉒　结合横排文字工具 T 与直排文字工具 IT，在上一步得到的椭圆形状上及其他位置输入文字，如图4.82所示，得到相应的文字图层。

图4.80 设置混合模式后的效果　图4.81 绘制多个正圆　　　　图4.82 输入文字

㉓　选择文字图层"煮酒论道"，单击添加图层样式按钮 fx.，在弹出的菜单中选择"投影"命令，设置弹出的对话框（如图4.83所示），得到如图4.84所示的效果。"图层"面板如图4.85所示。

▶ |提示| 文字"煮酒论道"颜色值为b41119。"投影"对话框中，颜色块的颜色值为黑色。并且在输入此文字时可以显示辅助线以确准位置。

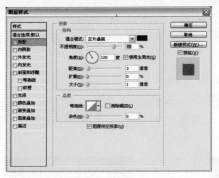
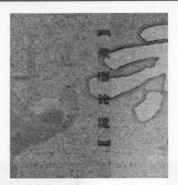

图4.83 "投影"对话框　　　　图4.84 应用"投影"命令后的效果　图4.85 "图层"面板

㉔ 选择文字图层"书封设计：……"作为当前图层，打开随书所附光盘中的文件"第4章\4.3-素材5.psd"，使用移动工具 ⊕ 将其拖刚制作的文件中，得到"图层 11"。按Ctrl+T键调出自由变换控制框，将其缩小图像及移动位置并按Enter键确认操作，得到如图4.86所示的效果。

㉕ 选择"图层 11"，单击添加图层样式按钮 fx_，在弹出的菜单中选择"颜色叠加"命令，设置弹出的对话框（如图4.87所示），然后在"图层样式"对话框中继续选择"描边"选项，设置其对话框（如图4.88所示），得到如图4.89所示的效果。

> | 提示 | 在"颜色叠加"对话框中，颜色块的颜色值为b41119。在"描边"对话框中，颜色块的颜色值为白色。

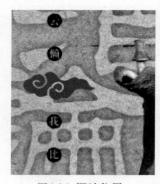

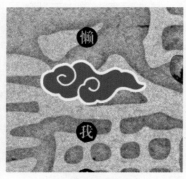

图4.86 摆放位置　　图4.87 "颜色叠加"　图4.88 "描边"对　图4.89 应用图层样式
　　　　　　　　　　　　对话框　　　　　话框　　　　　后的效果

㉖ 复制"图层 11"得到"图层 11 副本"，删除其图层样式。按第㉔步的操作方法将其放大并移动至当前文件中下方偏右位置，如图4.90所示。设置此图层的"填充"为20%，效果如图4.91所示。

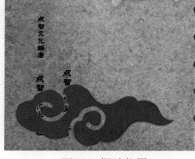

图4.90 摆放位置　　　　　　　　图4.91 降低图像的透明度

㉗ 单击创建新的填充或调整图层按钮 ，在弹出的菜单中选择"色相/饱和度"命令，得到图层"色相/饱和度 1"，按Ctrl+Alt+G键执行"创建剪贴蒙版"操作，设置弹出的面板（如图4.92所示），得到如图4.93所示的效果。

图4.92 "色相/饱和度"面板　　　　　　图4.93 应用"色相/饱和度"命令后的效果

㉘ 结合形状工具及文字工具，在第㉔~㉗步得到的图形左边制作防伪标志，如图4.94所示。"图层"面板如图4.95所示，最终效果如图4.96所示。

> |提示| 本步骤应用到的条码素材随书所附光盘中的文件"第4章\4.3-素材5.psd"，其中还对形状应用"描边"操作。关于其设置读者可参考本例源文件。

图4.94 防伪标志　　　　图4.95 "图层"面板　　　　　　图4.96 最终效果

> |提示| 本节最终效果为随书所附光盘中的文件"第4章\4.3.psd"。

▶技能总结 //

- 结合标尺及辅助线功能划分封面中的各个区域。
- 应用"盖印"命令合并可见图层中的图像。
- 通过添加图层样式，制作图像的发光、投影等效果。
- 使用形状工具绘制形状。
- 通过设置图层属性以混合图像。
- 利用图层蒙版功能隐藏不需要的图像。
- 应用"色相/饱和度"调整图层功能调整图像的色相及饱和度。

4.4 《唐诗三百首》书封设计

> 基本信息

学习难度：★★

主要技术：剪贴蒙版、滤镜、混合模式、图层蒙版、图层样式

图层数量：37

通道数量：0

路径数量：0

> 设计解析

　　本例是以唐诗三百首为主题的书封设计作品。在制作的过程中，设计师选择了花朵、鸟禽作为正封中的主打画面，较好地体现了图书的主题。精心设计的主题文字大气之中不失细腻，古典之余略显现代，使整个封面不会显得过于沉闷。

> 设计流程解析

　　用图4.97所示的流程图对制作过程进行了示意，并在下面分别解析各个制作步骤。

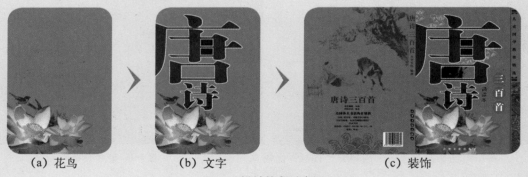

(a) 花鸟　　　　　　(b) 文字　　　　　　(c) 装饰

图4.97 设计流程示意图

| 花鸟 |

　　花鸟是中国古代绘画中最具代表性的元素之一，具有很高的艺术性、欣赏性，同时，很多绘画作品都会题诗于画面的留白处。在本例设计的《唐诗三百首》封面中，即是以花鸟画作为主体图像，配合适当的色彩、构图及相互的融合，给人以古色古香的感觉，颇符合诗集类的图书。

　　在制作过程中，将结合图层蒙版及混合模式等功能对图像进行融合处理。另外，本例中的莲花图像是以真实的照片为基础，使用Photoshop中的滤镜处理得到的。

| 文字 |

　　为了突出图书要表现的内容，设计师让文字"唐诗"占据了封面的大部分面积。在文

字的字体上，采用了较为便于阅读的粗宋体，一方面是能够配合封面所需营造的古典气氛，另一方面，通过对文字一些形态的编辑，使其从普通变为特殊，更容易吸引浏览者的注意。

|装饰|

作为主打中国古典风格的封面，其装饰图像自然少不了各种云纹、图案以及古代绘画作品，然后配合图层蒙版、混合模式等功能将其融合在封面中。除此之外，就是要对包括书脊、封底等位置在内的文字内容进行适当的编排。

▶操作步骤 //

① 按Ctrl+N键新建一个文件，设置弹出的对话框（如图4.98所示），单击"确定"按钮退出对话框，以创建一个新的空白文件。设置前景色的颜色值为97822f，按Alt+Delete键以前景色填充"背景"图层。

> |提示|在"新建"对话框中，封面的宽度数值为正封宽度（142mm）+书脊宽度（10mm）+封底宽度（142mm）+左右出血（各3mm）=300mm，封面的高度数值为上下出血（各3mm）+封面的高度（203mm）=209mm。

② 按Ctrl+R键显示标尺，按Ctrl+;键调出辅助线，按照上面的提示内容在画布中添加辅助线以划分封面中的各个区域，如图4.99所示。按Ctrl+R键隐藏标尺。

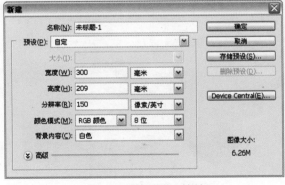

图4.98 "新建"对话框

图4.99 划分区域

> |提示|下面制作正封左下方的风景图像效果。

③ 打开随书所附光盘中的文件"第4章\4.4-素材1.PSD"，使用移动工具 将其拖至上一步制作的文件中，并置于正封的左下方，如图4.100所示，同时得到"图层1"。设置当前图层的混合模式为"正片叠底"，以混合图像，得到的效果如图4.101所示。

图4.100 摆放图像

图4.101 设置混合模式后的效果

④ 打开随书所附光盘中的文件"第4章\4.4-素材2.PSD",使用移动工具 ►⊕ 将其拖至上一步制作的文件中,得到"图层2",在此图层名称上单击右键,在弹出的菜单中选择"转换为智能对象"命令,从而将其转换成为智能对象图层。

> **| 提示 |** 转换成智能对象图层的目的是,在后面将对"图层2"图层中的图像进行滤镜操作,而智能对象图层则可以记录下所有的参数设置,以便于我们进行反复的调整。

⑤ 按Ctrl+T键调出自由变换控制框,按Shift键向内拖动控制句柄以缩小图像、顺时针旋转图像的角度及移动位置,按Enter键确认操作,得到的效果如图4.102所示。

⑥ 选择"滤镜"→"素描"→"水彩画纸"命令,设置弹出的对话框(如图4.103所示),调整效果参见左侧的效果预览区域。

图4.102 调整图像

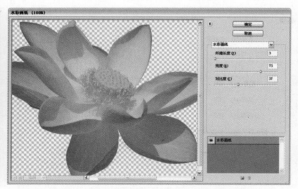

图4.103 "水彩画纸"对话框

⑦ 选择"滤镜"→"艺术效果"→"水彩"命令,设置弹出的对话框(如图4.104所示),调整效果参见左侧的效果预览区域。

⑧ 复制"图层2"得到"图层2 副本",将滤镜效果名称"水彩"拖至删除图层按钮 🗑 上,然后利用自由变换控制框进行水平翻转、并调整角度及位置,得到的效果如图4.105所示。"图层"面板如图4.106所示。

> **| 提示 |** 本步骤中为了方便图层的管理,在此将制作荷花的图层选中,按Ctrl+G键执行"图层编组"操作得到"组1",并将其重命名为"荷花"。在下面的操作中,笔者也对各部分进行了编组的操作,在步骤中不再叙述。下面调整荷花的色彩。

⑨ 设置组"荷花"的混合模式为"正常"，使该组中所有的调整图层只针对该组内的图像起作用。选择"图层2副本"，单击创建新的填充或调整图层按钮 ，在弹出的菜单中选择"色彩平衡"命令，得到图层"色彩平衡1"，设置弹出的面板（如图4.107和图4.108所示），得到如图4.109所示的效果。

图4.104 "水彩"对话框

图4.105 复制及调整图像后的效果

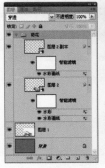

图4.106 "图层"
面板

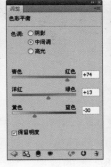

图4.106 "阴影"
选项

图4.108 "中间调"
选项

图4.109 调色后的效果

▶ |提示| 至此，风景图像已制作完成。下面制作主题文字图像。

⑩ 选择组"荷花"，选择直排文字工具 T，设置前景色的颜色值为413001，并在其工具选项条上设置适当的字体和字号，在荷花图像的上方输入文字，如图4.110所示，同时得到相应的文字图层"唐诗"。

⑪ 单击添加图层样式按钮 fx，在弹出的菜单中选择"描边"命令，设置弹出的对话框（如图4.111所示），得到如图4.112所示的效果。

图4.110 输入文字

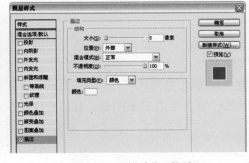

图4.111 "描边"对话框

图4.112 添加图层样式后的效果

⑫ 选择多边形套索工具 ，将"唐"字内的部分笔划框选出来，如图4.113所示。按Alt键单击添加图层蒙版按钮 为文字图层"唐诗"添加蒙版，得到的效果如图4.114所示。

▶ |提示|下面结合图层属性以及调整图层等功能为主题文字叠加纹理图像。

⑬ 打开随书所附光盘中的文件"第4章\4.4-素材3.PSD"，使用移动工具 将其拖至上一步制作的文件中，得到"图层3"，按Ctrl+Alt+G键执行"创建剪贴蒙版"操作，利用自由变换控制框调整图像的大小及位置，得到的效果如图4.115所示。

图4.113 创建选区　　　　　图4.114 添加图层蒙版后的效果　　　　　图4.115 调整素材图像

⑭ 设置"图层3"的混合模式为"叠加"，以混合图像，得到的效果如图4.116所示。

⑮ 单击创建新的填充或调整图层按钮 ，在弹出的菜单中选择"色相/饱和度"命令，得到图层"色相/饱和度1"，按Ctrl+Alt+G键执行"创建剪贴蒙版"操作，设置弹出的面板（如图4.117所示），得到如图4.118所示的效果。

图4.116 设置混合模式后的效果　　　　图4.117 "色相/饱和度"面板　　　　图4.118 调色后的效果

▶ |提示|至此，纹理图像已制作完成。下面制作"唐"字下方的装饰图像。

⑯ 选择组"荷花"，打开随书所附光盘中的文件"第4章\4.4-素材4.PSD"，结合图层属性以及图层蒙版等功能，制作"唐"字内的墨图像，如图4.119所示，同时得到"图层4"。

▶ |提示|本步中设置了"图层4"的混合模式为"颜色加深"。

⑰ 设置前景色值为080a07，选择矩形工具▱，在工具选项条上单击形状图层按钮▱，在"唐"字内绘制如图4.120所示的形状，得到"形状1"。"图层"面板如图4.121所示。

图4.119 调整图像　　　　　　图4.120 绘制形状　　　　　　图4.121 "图层"面板

> **提示** 至此，主题文字图像已制作完成。下面制作正封中的其他图像。

⑱ 选择组"荷花"，结合素材图像、文字工具、图层样式、形状工具以及图层蒙版等功能，制作主题文字下方的云纹以及右侧的说明图像，如图4.122所示。"图层"面板如图4.123所示。

> **提示1** 本步骤中应用到的素材为随书所附光盘中的文件"第4章\4.4-素材5.PSD"和"第4章\4.4-素材6.PSD"；另外，关于图层样式对话框中的设置以及图像的颜色值请参考最终效果源文件，设置了图层"右下方花纹"的混合模式为"线性加深"。

> **提示2** 在绘制第1个图形后，将会得到一个对应的形状图层，为了保证后面所绘制的图形都是在该形状图层中进行，所以在绘制其他图形时，需要在工具选项条上选择适当的运算模式，例如"添加到形状区域"或"从形状区域减去"等。

⑲ 按Ctrl+Alt+A键选择除"背景"图层以外的所有图层，按Ctrl+G键将选中的图层编组，并将得到的组重命名为"正封"。选择矩形选框工具▭，将正封中的图像框选出来，如图4.124所示。单击添加图层蒙版按钮▢为当前的组添加蒙版，得到的效果如图4.125所示。

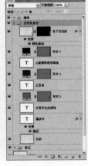

图4.122 制作云纹以及　　图4.123 "图层"　　图4.124 绘制选区　　图4.125 添加图层蒙版
说明图像　　　　　　　面板　　　　　　　　　　　　　　　　　　　后的效果

> **提示** 至此，正封中的图像已制作完成。下面制作书脊及封底图像，完成制作。

⑳ 打开随书所附光盘中的文件"第4章\4.4-素材7.PSD"，按Shift键使用移动工具 ![箭头移动图标]
将其拖至上一步制作的文件中，得到的最终效果如图4.126所示。"图层"面板如图
4.127所示。

图4.126 最终效果

图4.127 "图层"面板

> **提示1** 本步骤笔者是以组的形式给出素材的，由于其操作非常简单，在叙述上略显繁琐，
> 读者可以参考最终效果源文件进行参数设置，展开组即可观看到操作的过程。

> **提示2** 本节最终效果为随书所附光盘中的文件"第4章\4.4.psd"。

〉技能总结

- 结合标尺及辅助线划分封面中的各个区域。
- 通过设置图层属性以融合图像。
- 应用滤镜功能制作艺术效果图像。
- 应用调整图层的功能，调整图像的色相、色彩等属性。
- 利用剪贴蒙版限制图像的显示范围。
- 应用"描边"命令，制作图像的描边效果。

|第 5 章|

产 品 包 装

5.1 包装设计

　　包装设计与书籍装帧设计一样都属于市场空间较大的商业平面设计领域。进行包装设计时，设计师不仅要考虑包装结构、材料、工艺，还必须注意设计效果要突出、鲜明，有独特的广告效果。

　　对于一个完整的包装设计来说，它通常包括了包装结构设计和包装装潢设计两部分，下面分别介绍一下二者的概念以及设计流程。

5.1.1 包装的结构设计

　　包装结构设计也被称为容器设计、造型设计。越是贵重的产品就越需要一个与众不同的包装结构设计，例如在图5.1所示的包装作品中，从左至右依次为酒包装、月饼包装和香水包装，可以看出这几个产品的包装都采用了非常独特的造型。

图5.1 不同造型的产品包装

5.1.2 包装的装潢设计

　　相对于包装结构设计的具像性表现来说，包装装潢设计可以理解成为抽象的视觉表现，我们通常所说的包装设计也都是指包装装潢设计。它是依附于包装结构的平面设计，以文字、图像及色彩等元素构成一个具有美感的完整包装。同时，我们亦不能单纯地认为包装装潢就是画面上的装饰，就功能而言，如果说包装的造型结构主要是完成一定的物质功能，那么，包装装潢着重是完成商品信息与审美的视觉传达功能。通过它，消费者不仅可以获取商品的信息，并对商品产生了最直观的第一印象。

　　包装的装潢画面实际上同样是对其包装对象的一种广告宣传，设计师在设计的时候，不仅要考虑它的结构，还必须注意简洁、明确、独特的广告效果，这也是现代包装装潢设计的一个重要特点，图5.2所示就是一些优秀的包装装潢设计作品。

图5.2 优秀包装装潢设计作品

续图5.2

5.1.3 包装的设计流程 //

包装设计有一个完整的执行步骤，下面进行简单地介绍，实际上此步骤也适用于其他许多设计项目。

|包装设计策划阶段|

设计策划的任务是沟通信息，进行资料收集与比较、分析，确定正确的设计形式。其中包括与委托人沟通具体包装设计信息、了解产品本身的特性、了解产品的使用对象、了解产品的销售方式、了解产品的相关经费、了解产品包装的背景等，以便制定正确的包装设计策略。

此外，还要进行进行市场调研，以使设计师掌握许多与包装设计相关的信息和资料，制定合理的设计方案。其中包括了解产品市场需求的情况和同类产品包装的情况。

市场调研的优点是能够避免设计的盲目性，例如产品有明显的地域消费差异性，就需要针对不同地域进行不同的设计。

最后，根据以上了解到的情况拟定包装设计计划，包括提供设计意念表达的构思方案、明细经费预算、设计进度等。

|包装设计创意阶段|

设计创意阶段是针对设计团队而言的，在这个阶段中设计师要注重发掘灵感、培养创意、落实设计方案。

产生灵感的过程是因人而异的，但以下信息都是每个设计师要在设计前重点考虑的。

● 产品的销售模式，如零售、批发、网络销售等；
● 市场销售的地域，如国际、国内、南方、北方等；
● 消费者的购买心理和购买经验分析；
● 消费者人群分析，年龄、层次、收入、职业、性别等。

另外，也可以通过"4W1H"模式来使自己在创意设计中抓住重点。

● "What"，设计什么产品？
● "Who"，为谁设计，对象是谁？男、女、老、少、大众消费群体还是有身份、地位的消费群？
● "Why"，为什么要进行设计？是产品刚上市场，还是想建立知名度、提高市场占有率、维持品牌形象，又或者是开拓新市场？

- "Where"，在哪里销售产品？零售店、大型超市、国内、国外、南方、北方，还是少数民族聚居地？
- "How"，如何设计，怎样设计？如何抓住产品的特性进行图像、色彩、文字设计？

| 包装设计执行阶段 |

设计执行是指确定构思后进行电脑制作的过程，这一过程包括定稿、正稿制作、打样校正三个阶段。

- 定稿，指将多个设计方案送交委托人，并与其研讨、分析，选择出最适合的设计方案。
- 正稿制作，即指印前设计稿的细化制作过程。
- 修改样稿，为使设计的效果更真实、准确，对打样稿做校正，如色彩修正、局部调整、等，以确保包装成品最终达到客户要求。

5.2 糖果包装袋设计

❯ 基本信息

学习难度：★★★

主要技术：调整图层、绘制路径、输入路径绕排文字、图层样式

图层数量：26

通道数量：0

路径数量：4

❯ 设计解析

本例是以糖果为主题的包装袋设计作品。在制作的过程中，主要以青苹果为创意元素展开设计。在整体色调上以青黄色为主色调，给人以清爽的感觉，突出糖果的口味。另外，模拟青苹果及其图像中的文字效果，是本例要掌握的重点。

❯ 设计流程解析

用图5.3所示的流程图对制作过程进行了示意，并在下面分别解析各个制作步骤。

（a）苹果　　　　　　（b）主题文字　　　　　　（c）其他元素　　　　　　（d）立体效果

图5.3 糖果包装袋设计流程示意图

|苹果|

依据本例中食品的名称，设计师在包装正面的中心位置制作了一个青苹果图像。在制作过程中，由于素材的限制，设计师是用一个红苹果图像，结合Photoshop中的调整图层等功能才将其调整为青苹果的色彩；另外，该包装在色彩上刻意强化了绿色，因此在色彩的调整上更需注意对整体色调的把握。

|主题文字|

该文字是本例的主体内容，在颜色上取白与红两种颜色，配合个性化且具有立体感的文字变形处理，相对于绿色的背景而言，整个文字看起来非常显眼，尤其是红色的心形，在几个文字内容中占据了相当的位置，非常容易吸引浏览者的目光。

在制作该变形文字时，主要是依靠设计师对文字形态的把握，结合绘制路径及图层样式等功能，制作出该变形文字效果。

|其他元素|

在包装正面中，常见的元素包括产品名称、广告语、商标等元素，除此之外，也常常会出现一些装饰性的元素，本例包装的其他元素较少，且制作方法比较简单，仅右上方的路径绕排文字需要结合文字工具及路径功能进行处理。

|立体效果|

这是本例包装设计完成后制作的一个简单的立体效果图，其目的就在于让包装看起来更有立体感，此时也可以不同程度地预览出包装设计在实用之后的效果。

〉操作步骤

① 按Ctrl+N键新建一个文件，设置弹出的对话框（如图5.4所示），单击"确定"按钮退出对话框，以创建一个新的空白文件。

② 按Ctrl+R键显示标尺，在画布中将四周的出血线标识出来，上、下、左和右都为3mm，如图5.5所示。按Ctrl+R键隐藏标尺。

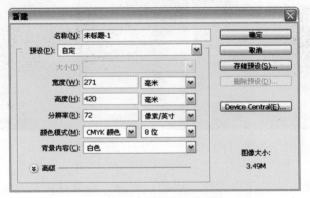

图5.4 "新建"对话框

图5.5 标出辅助线

|提示|下面利用渐变填充图层的功能制作背景中的渐变效果。

③ 单击创建新的填充或调整图层按钮 ，在弹出的菜单中选择"渐变"命令，设置弹出的对话框（如图5.6所示），得到如图5.7所示的效果，同时得到图层"渐变填充1"。

> | **提示** | 在"渐变填充"对话框中，渐变类型的各色标颜色值从左至右分别为9acb3c、b8d436和9acb3c。下面制作苹果图像。

④ 打开随书所附光盘中的文件"第5章\5.2-素材1.PSD"，使用移动工具 将其拖至刚制作文件中，得到"图层1"。按Ctrl+T键调出自由变换控制框，按Shift键向内拖动控制句柄以缩小图像及移动位置，按Enter键确认操作，得到的效果如图5.8所示。

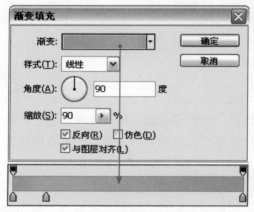
图5.6 "渐变填充"对话框

图5.7 应用"渐变填充"后的效果

图5.8 调整图像

> | **提示** | 放大苹果图像，不难发现苹果图像上有很多杂点，下面利用"特殊模糊"命令来处理这个问题。

⑤ 选择"滤镜"→"模糊"→"特殊模糊"命令，设置弹出的对话框（如图5.9所示），如图5.10所示为应用"特殊模糊"命令前后局部对比效果。

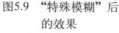
图5.9 "特殊模糊"后
的效果

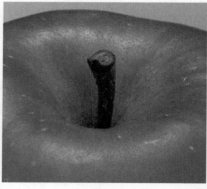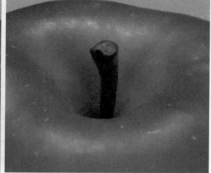
图5.10 应用"特殊模糊"命令前后对比效果

⑥ 单击添加图层样式按钮 *fx*，在弹出的菜单中选择"投影"命令，设置弹出的对话框（如图5.11所示），然后在"图层样式"对话框中继续选择"内发光"选项，设置其对话框（如图5.12所示），得到如图5.13所示的效果。

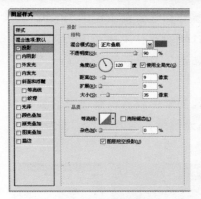

图5.11 "投影"对话框

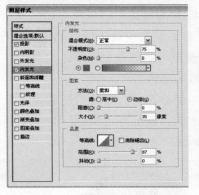

图5.12 "内发光"对话框

图5.13 添加图层样式后的效果

> **提示** 在"投影"对话框中，颜色块的颜色值为4c863e；在"内发光"对话框中，颜色块的颜色值为509c44。下面利用调整图层的功能调整图像的色彩。

⑦ 单击创建新的填充或调整图层按钮 ，在弹出的菜单中选择"色相/饱和度"命令，得到图层"色相/饱和度1"，按Ctrl+Alt+G键执行"创建剪贴蒙版"操作，设置弹出的面板（如图5.14所示），得到如图5.15所示的效果。

⑧ 单击创建新的填充或调整图层按钮 ，在弹出的菜单中选择"色彩平衡"命令，得到图

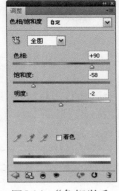

图5.14 "色相/饱和度"面板

图5.15 调色后的效果

层"色彩平衡1"，按Ctrl+Alt+G键执行"创建剪贴蒙版"操作，设置弹出的面板（如图5.16和图5.17所示），得到如图5.18所示的效果。

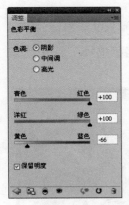

图5.16 "阴影"选项

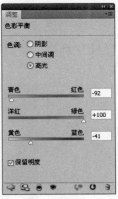

图5.17 "高光"选项

图5.18 调色后的效果

> **提示** 下面结合剪贴蒙版以及画笔工具 等功能，制作苹果的暗调及高光效果。

⑨ 新建"图层2",按Ctrl+Alt+G键执行"创建剪贴蒙版"操作,设置前景色值为6eb242,
选择画笔工具 ✐ ,并在其工具选项条中设置画笔为柔角100像素,不透明度为50%,在
苹果的边缘进行涂抹,直至得到如图5.19所示的效果。如图5.20所示为单击显示"图层
2"及其基层(图层1)时的图像状态。

⑩ 按照上一步的操作方法,新建图层、创建剪贴蒙版、设置前景色以及设置适当的画笔大
小在苹果的左上方进行涂抹,直至得到如图5.21所示的高光效果,同时得到"图层3"。
"图层"面板如图5.22所示。

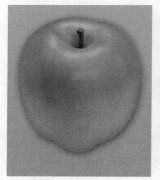

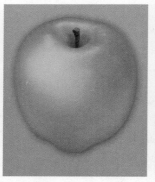
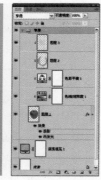

图5.19 涂抹后的效果　　图5.20 单独显示图像状态　　图5.21 制作高光效果　图5.22 "图层"面板

| 提示1 | 本步骤中设置了图像的颜色值为f8ea20。另外,为了方便图层的管理,在此将制作
苹果的图层选中,按Ctrl+G键执行"图层编组"操作得到"组1",并将其重命名为"苹
果"。在下面的操作中,笔者也对各部分进行了编组的操作,在步骤中不再叙述。

| 提示2 | 至此,苹果图像已制作完成。下面制作主题文字图像。

⑪ 选择组"苹果",打开随书所附光盘中的文件"第5章\5.2-素材2.csh",设置前景色为
白色,选择自定形状工具 ✐ ,在其工具选项条中单击形状图层按钮 □ ,在画布中单击
右键,在弹出的形状显示框中选择刚刚打开的形状,在苹果图像上绘制得到的效果如图
5.23所示,同时得到"形状1"。

⑫ 在"形状1"矢量蒙版激活的状态下,切换至"路径"面板,双击"形状1 矢量蒙版",
在弹出的"存储路径"对话框中将此路径存储为"路径1",选择路径选择工具 ▶ 选取
路径并调整位置,如图5.24所示。

图5.23 绘制形状　　　　　　　　　　　　　　　　　　图5.24 调整路径位置

⑬ 切换回"图层"面板，选择组"苹果"，单击创建新的填充或调整图层按钮 ，在弹出的菜单中选择"渐变"命令，设置弹出的对话框（如图5.25所示），单击"确定"按钮退出对话框，隐藏路径后的效果如图5.26所示，同时得到图层"渐变填充2"。

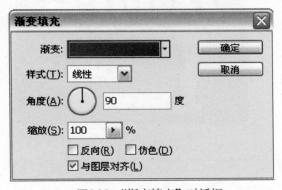

图5.25 "渐变填充"对话框

图5.26 应用"渐变填充"后的效果

▶ |提示| 在"渐变填充"对话框中，渐变类型为"从00863b到006527"。

⑭ 单击添加图层样式按钮 fx，在弹出的菜单中选择"描边"命令，设置弹出的对话框（如图5.27所示），得到的效果如图5.28所示。

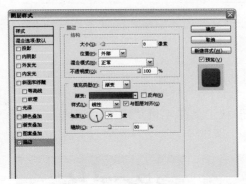

图5.27 "描边"对话框

图5.28 添加图层样式后的效果

▶ |提示| 在"描边"对话框中，渐变类型同上一步"渐变填充"对话框中的渐变类型一样。

⑮ 按Ctrl键单击"形状1"矢量蒙版缩览图以载入其选区，选择"选择"→"修改"→"收缩"命令，在弹出的对话框中设置"收缩量"数值为5，单击"确定"按钮退出对话框，得到如图5.29所示的选区。

⑯ 保持选区，在所有图层上方新建"图层4"，设置前景色为白色，按Alt+Delete键填充前景色，按Ctrl+D键取消选区。单击添加图层样式按钮 fx，在弹出的菜单中选择"投影"命令，设置弹出的对话框（如图5.30所示），得到的效果如图5.31所示。

图5.29 选区状态

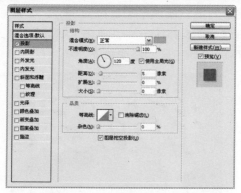

图5.30 "投影"对话框

图5.31 添加图层样式后的效果

> **提示** 在"投影"对话框中，颜色块的颜色值为98ca3c。

⑰ 单击添加图层蒙版按钮 ▣ 为"图层4"添加蒙版，设置前景色为黑色，选择画笔工具 ✎ ，在其工具选项条中设置适当的画笔大小及不透明度，在图层蒙版中进行涂抹，以将字母"I"上的投影效果隐藏起来，直至得到如图5.32所示的效果。

> **提示** 下面利用形状工具制作"爱"字内缺少的投影效果。

⑱ 设置前景色值为98ca3c，选择钢笔工具 ✑ ，并在其工具选项条中单击形状图层按钮 ▢ ，在"爱"字内绘制如图5.33所示的形状，得到"形状2"。

> **提示** 下面利用形状工具制作"I"右侧的"心"形图形。

⑲ 选择组"苹果"，设置前景色值为006527，应用形状工具在字母"I"的右侧绘制如图5.34所示的形状，得到"形状3"。

图5.32 添加图层蒙版后的效果　　　　图5.33 绘制形状　　　　图5.34 制作"心"形状

⑳ 按照第⑫步的操作方法，将"形状3"中的路径存储为"路径2"，利用自由变换控制框调整路径的大小、角度及位置，如图5.35所示。

㉑ 切换回"图层"面板，选择"形状3"，单击创建新的填充或调整图层按钮 ◐ ，在弹出的菜单中选择"渐变"命令，设置弹出的对话框（如图5.36所示），单击"确定"按钮退出对话框，隐藏路径后的效果如图5.37所示，同时得到图层"渐变填充3"。"图

层"面板如图5.38所示。

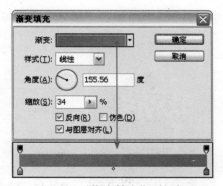

图5.35 调整路径　　　　　　　　　　　　图5.36 "渐变填充"对话框

▶ |提示1| 在"渐变填充"对话框中，渐变类型为"从f15f22到ee3324"。

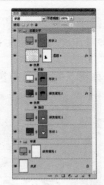

图5.37 应用"渐变填充"后的效果　　　　　　　图5.38 "图层"面板

▶ |提示2| 至此，主题文字图像已制作完成。下面制作说明文字及标识图像。

㉒ 选择组"苹果"，选择横排文字工具 T，设置前景色的颜色值为007939，并在其工具选
项条上设置适当的字体和字号，在苹果图像的右下方输入文字，如图5.39所示，同时得
到相应的文字图层。

㉓ 保持前景色不变，选择钢笔工具 ，在工具选项条上单击路径按钮 ，在苹果的右上
方绘制如图5.40所示的路径，选择横排文字工具 T，将文字光标置于路径的左侧，当光
标变成输入状态 时单击，然后输入文字，如图5.41所示。

图5.39 输入文字1　　　　　　图5.40 绘制路径　　　　　　图5.41 输入文字2

㉔ 结合文字工具、素材图像以及图层样式等功能，制作苹果左侧上、下方的文字及标识图像，如图5.42所示。"图层"面板如图5.43所示。

图5.42 输入左下方文字　　　　　　　　　　　图5.43 "图层"面板

> | **提示** | 在"投影"对话框中，颜色块的颜色值为65a93e。本步骤所应用到的素材图像为随书所附光盘中的文件"第5章\5.2-素材3.PSD"和"第5章\5.2-素材4.PSD"。

　　如图5.44所示为包装的立体效果，如图5.45所示为本例应用于宣传广告中的效果。

图5.44 立体效果　　　　　　　　　　　　图5.45 应用效果

> | **提示** | 本节最终效果为随书所附光盘中的文件"第5章\5.2.psd"。

＞技能总结

- 结合标尺及辅助线划分包装中的各个区域。
- 结合路径以及渐变填充图层的功能制作图像的渐变效果。
- 通过添加图层样式，制作图像的投影、发光等效果。
- 利用剪贴蒙版限制图像的显示范围。
- 应用调整图层的功能，调整图像的色相、色彩等属性。
- 使用形状工具绘制形状。

5.3 甜——橙汁饮料包装设计

❯基本信息 ///////////////////////

学习难度： ★★★

主要技术： 绘制路径、混合模式、图层样式、调整图层、剪贴蒙版

图层数量： 40

通道数量： 0

路径数量： 0

❯设计解析 ///

　　本例制作的是一个橙汁饮料包装设计方案。主色选用方面，设计者采用了被最多数人认可的颜色——橙黄色，可以说这是一个较为保守的颜色应用方案，因为随着人们审美层次的提高及消费者对张扬个性的个性化产品的需求，许多消费者已经能够接受使用其他颜色来表达甜味的设计手法。

❯设计流程解析 ///

　　用图5.46所示的流程图对制作过程进行了示意，并在下面分别解析各个制作步骤。

(a) 背景　　　　　　(b) 主题文字　　　　　(c) 说明文字　　　　　(d) 立体效果

图5.46 设计流程示意图

| 背景 |

　　在本例的包装中，是采用一个曲线图形将背景一分为二，并为右下方的图形区域叠加一幅水珠图像，然后使用调整图层将其调整成为橙色，整体看来，给人一种干净、自然、新鲜的感受。

| 主题文字 |

　　包装中的Orange及"鲜橙汁"是主题文字，因此在设计与编排上应与其他文字有较大的区别。在本例中，英文Orange是采用增加厚度的方法，使其具有一定的立体感，而下面的中

文文字，则是对其局部的形态做了一些特殊处理，以吸引浏览者的目光。

| 说明文字 |

饮食类的包装需要在表面上注明产品的类型、配料以及生产编号等信息，在本例中，就是分别在包装的左右两侧的圆角矩形中，编排了这些信息。

| 立体效果 |

对于任意一款包装而言，如果仅观察其平面效果图，那么很难准确地想象实用时的效果。因此，通常在设计了包装平面效果图之后，都需要大致地模拟一幅立体效果图，以便于观察整体效果。

对于本例的方形包装而言，制作其立体效果的方法有很多种，本例介绍的就是一种最常见也最容易掌握的方法，即使用变换功能模拟包装的透视关系，将包装的各部分按照一定的透视进行组装，直至得到完整的立体效果为止。

❯操作步骤

| 第1部分 制作平面图 |

① 按Ctrl+N键新建一个文件，设置弹出对话框（如图5.47所示），设置前景色的颜色值为fff7e0，按Alt+Delete键用前景色填充"背景"图层，按Ctrl+R键调出"标尺"，从侧面拖出两条如图5.48所示的辅助线来划分正面和侧面。

② 设置前景色的颜色值为eaa540，选择钢笔工具 ，并在其工具选项条上单击形状图层命令按钮 ，在背景右侧绘制如图5.49所示的形状，得到"形状 1"。为了便于观看图像效果，下面将按Ctrl＋；键来隐藏辅助线。

图5.47 "新建"命令对话框

图5.48 添加辅助线

图5.49 在背景右侧绘制形状

③ 复制"形状 1"得到"形状 1 副本"，双击其图层缩览图，在弹出的拾色器中设置颜色值为ff7e00，单击"确定"按钮以退出拾色器，使用直接选择工具 调整其控锚点的位置，得到如图5.50所示的效果。

④ 打开随书所附光盘中的文件"第5章\5.3-素材1.tif"，使用移动工具 将其移动至"形状 1 副本"上，得到"图层 1"，按Ctrl+Alt+G键执行"创建剪贴蒙版"操作，得到如图5.51所示的效果，设置图层混合模式为"差值"，得到如图5.52所示的效果。

图5.50 修改颜色后的效果

图5.51 创建剪贴蒙版后的效果

图5.52 设置"差值"后的效果

⑤ 单击创建新的填充或调整图层命令按钮 ，在弹出菜单中选择"通道混合器"命令，得到图层"通道混合器 1"，按Ctrl+Alt+G键执行"创建剪贴蒙版"操作，设置弹出的面板（如图5.53所示），得到如图5.54所示的效果。

图5.53 "通道混合器"面板

图5.54 调整后的效果

⑥ 打开随书所附光盘中的文件"第5章\5.3-素材2.psd"，使用移动工具 将其移动到文件中央，得到"图层 2"，其效果如图5.55所示。

⑦ 单击创建新的填充或调整图层命令按钮 ，在弹出菜单中选择"曲线"命令，得到图层"曲线 1"。按Ctrl+Alt+G键执行"创建剪贴蒙版"操作，设置弹出的面板（如图5.56所示），得到如图5.57所示的效果。

⑧ 设置前景色的颜色为白色，选择横排文字工具 T 并设置适当的字体和字号，在橙子图像下方输入"orange"，得到相应的文本图层，其效果如图5.58所示。

图5.55 调整素材图像

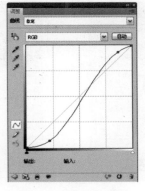
图5.56 "曲线"面板

图5.57 调整后的效果

⑨ 单击添加图层样式命令按钮 fx ，在弹出的菜单中选择"描边"命令，在弹出的对话框中设置参数，得到如图所示5.59的效果。

图5.58 输入主题文字

图5.59 制作文字的描边效果

⑩ 新建一个图层得到"图层3"，并将其拖动到"orange"下方，按Ctrl键单击"orange"的图层缩览图以调出其选区，按Alt+Delete键用前景色填充选区，选择移动工具 ，按住Alt键分别按向下和向右光标键数次，按Ctrl+D键取消选区，得到如图5.60所示的效果。

⑪ 选择"图层3"，按Ctrl键单击"orange"的图层名称以将其同时选中，按Ctrl+T键调出自由变换控制框，将其逆时针旋转20°左右，得到类似如图5.61所示的效果，按Enter键确认变换操作。

图5.60 复制并取消选取后的效果

图5.61 旋转文字

⑫ 选择文字图层"orange"作为当前的工作层，根据前面所介绍的操作方法，结合文字工具、图层样式以及图层属性等功能，制作其他文字以及右侧的边框图像，如图5.62所示。"图层"面板如图5.63所示。

图5.62 制作文字及边框图像

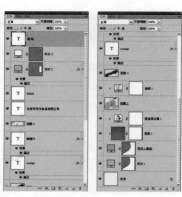

图5.63 "图层"面板

> |提示| 本步骤中关于图像的颜色值以及图层样式的设置请参考最终效果源文件。设置了"形状2"的混合模式为"柔光"。"鲜橙汁"图像中的黄色圆点，可设置适当大小的画笔进行绘制。

⑬ 选择文本图层"鲜橙汁"，按Ctrl键单击"图层 4"的图层名称以将其选中，按Ctrl+Alt+E键执行"盖印"操作，得到"图层4（合并）"并将其拖动到所有图层上方，利用自由变换控制框将其缩小、调整形状，将其放到"高粒"下方，得到如图5.64所示的效果。

⑭ 设置前景色的颜色为黑色，选择横排文字工具 T，在"鲜橙汁"下方输入如图5.65所示的说明文字，得到相应的文本图层。

⑮ 选择最上方的图层，按Shift键单击"形状 2"的图层名称以将其同时选中，按住Alt键将其拖动到所有图层上方并复制，得到所有选中图层的副本，使用移动工具 ⊕ 将其移动到橙子左侧，得到如图5.66所示的效果，此时的"图层"面板如图5.67所示。

图5.64 调整位置后　　图5.65 输入文字　　　　图5.66 复制调整位置　　　图5.67 "图层"面板
　　　的效果　　　　　　　　　　　　　　　　　后的效果

⑯ 选择"形状 2 副本"，修改其图层混合模式为"正常"，双击其图层缩览图在弹出的"拾取实色"中设置颜色为白色，双击其"描边"图层样式，在弹出对话框中修改描边颜色值为ff8a00，得到如图5.68所示的效果。

⑰ 按照上一步的方法修改"形状 3 副本"的颜色值为ff8400，文字图层"高粒 副本"的颜色为白色，得到如图5.69所示的效果，将"形状 2副本"拖动到"图层 2"下方，使圆角矩形不再遮挡橙子图像，得到如图5.70所示的效果。

图5.68 修改图形颜色　　　　图5.69 修改图形及文字颜色　　　　图5.70 调整图层顺序

⑱ 选择"高粒 副本"和"形状 3 副本"，按Ctrl+Alt+E键执行"盖印"操作，得到"高 粒

副本（合并）"，将其移至橙子左上方，得到如图5.71所示的效果，平面图最终效果如图5.72所示，"图层"面板如图5.73所示。

⑲ 按Ctrl+Shift+E键执行"盖印"操作，得到"图层5"，按住Alt键双击"背景"图层，将其转换为普通图层，得到"图层0"。按Ctrl+Alt+A键选中所有图层，并按住Ctrl键单击"图层5"的名称以选择除该图层以外的所有图层，按Ctrl+G键将其编组，得到"组1"，并将"组1"隐藏。

图5.71 盖印及调整位置后的效果　　　　图5.72 平面图最终效果　　　　图5.73 "图层"面板

> | 提示 | 执行"盖印"操作得到的"图层5"，将在下面制作立体效果时，用于提供各侧面的图像内容。

| 第2部分　制作立体图像 |

① 为了有足够的空间制作立体效果，下面扩展画布。选择"图像"→"画布大小"命令，设置弹出对话框（如图5.74所示），单击"确定"按钮以退出对话框，将画布放大，得到如图5.75所示的效果。

图5.74 "画布大小"对话框　　　　　　　图5.75 放大画布后的效果

② 在"图层5"下方新建一个图层，得到"图层6"，设置前景色的颜色为黑色，背景色的颜色值为efefef，选择线性渐变工具■，设置渐变类型为从前景色到背景色，从上向下拖动绘制渐变，得到类似如图5.76所示的效果。

③ 选择"图层5"，按Ctrl+；键显示辅助线，选择矩形选框工具□，沿着辅助线绘制如图5.77所示矩形选区，按Ctrl+X键执行"剪切"操作，按Ctrl+V键将剪切的图像粘贴到新文件中，得到"图层7"，将"图层5"隐藏，按Ctrl+；键将辅助线隐藏。

图5.76 绘制渐变后的效果

图5.77 绘制选区

④ 按Ctrl+T键调出自由变换控制框，按住Ctrl键将包装的正面变形，得到如图5.78所示的透视效果，按Enter键确认变换操作。

⑤ 选择"图层 5"并将其显示，使用矩形选框工具 ▢ 在包装的右侧剩下的图像外绘制选区以将其框选，按Ctrl+X键执行"剪切"命令，按Ctrl+V键粘贴图像得到"图层8"，并拖至"图层7"的下方，再将"图层 5"隐藏。

⑥ 按Ctrl+T键调出自由变换控制框，按住Ctrl键拖动各个控制句柄，得到类似如图5.79所示的效果，按Enter键确认变换操作。

⑦ 单击创建新的填充或调整图层命令按钮 ◑，在弹出菜单中选择"亮度/对比度"命令，得到图层"亮度/对比度 1"，按Ctrl+Alt+G键执行"创建剪贴蒙版"操作，设置弹出的面板（如图5.80所示），使侧面成为包装的暗面图像，得到如图5.81所示的效果。

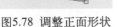

图5.78 调整正面形状

图5.79 调整侧面形状

图5.80 "亮度/对比度"面板

图5.81 调整后的效果

▶ |提示|下面开始制作包装盒的顶面及侧面的小块图像内容。

⑧ 选择最上方的图层，设置前景色的颜色值为ea6a09，选择钢笔工具 ◑，在工具在其工具选项条上单击形状图层命令按钮 ▢，在包装顶部绘制如图5.82所示的形状，得到"形状4"，此时"图层"面板如图5.83所示。

⑨ 设置前景色的颜色值为bd4900，选择钢笔工具 ◑，在工具选项条上单击形状图层命令按钮 ▢，在包装顶部右侧绘制如图5.84所示的翻折似的形状，得到"形状 5"，按照同样的方法继续绘制，得到"形状 6"，其效果如图5.85所示。

图5.82 在顶部绘制形状

图5.83 "图层"面板

图5.84 绘制形状

图5.85 继续绘制

⑩ 下面为侧面顶部的小块图像增加阴影效果。新建一个图层得到"图层9",将其移动到"形状4"下方,设置前景色的颜色值为黑色,选择画笔工具 ✐ 并设置适当的画笔大小和不透明度,在上一步绘制的折叠下方涂抹,得到如图5.86所示的阴影的效果。

> **提示** 下面来为包装侧面顶部的小块图像增加,与包装盒正面相同的纹理。

⑪ 选择"图层8",按Ctrl键单击"亮度/对比度1"的图层名称以将其选中,按Ctrl+Alt+E键执行"盖印"操作,将得到的图层重命名为"图层10",并将其移动到"形状5"上方,按Ctrl+Alt+G键执行"创建剪贴蒙版"操作,得到如图5.87所示的效果。

⑫ 按住Alt键向上拖动"图层 10"到"形状6"上方,得到"图层 10 副本",按Ctrl+Alt+G键执行"创建剪贴蒙版"操作,得到如图5.88所示的效果,此时"图层"面板状态如图5.89所示。

图5.86 使用画笔涂抹后的效果

图5.87 创建剪贴蒙版后的效果

图5.88 制作图案效果

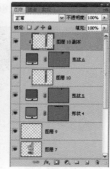
图5.89 "图层"面板

⑬ 新建一个图层得到"图层11",设置前景色的颜色值为fadcc7,选择画笔工具 ✐ 并在其工具选项条上设置适当的画笔大小和不透明度,在包装右上角的折叠重合处绘制如图5.90所示的直线,使其具有一定的立体感。

> **提示** 观察图像可以看出,包装盒各边缘的折角显得非常锐利,下面将通过为折角处添加线条的方式解决这个问题。

⑭ 新建一个图层得到"图层12",按照上一步的方法在包装顶部绘制两条如图5.91所示的白边。

⑮ 新建一个图层得到"图层13",设置前景色的颜色为白色,选择直线工具 ╲ 并在其工具选项条上单击填充像素命令按钮 □,设置"粗细"数值为2px,在正面与侧面之间的

折角上绘制如图5.92所示的直线。

图5.90 绘制直线　　　　　　　图5.91 绘制白边　　　　　　图5.92 在折角上绘制直线

⑯ 设置其"图层13"混合模式为"柔光"，不透明度为68%，得到如图5.93所示效果。

▶ |**提示**|至此，整个包装盒已经基本制作完毕，下面将为包装盒制作倒影效果。

⑰ 按住Alt键拖动"图层7"到所有图层上方，得到"图层 7 副本"，选择"编辑"→"变换"→"垂直翻转"命令，使用移动工具 将其向下移动，按Ctrl+T键调出自由变换控制框，按住Ctrl键将其变形，得到类似如图5.94所示的效果，按Enter键确认变换操作。

⑱ 单击添加图层蒙版命令按钮 为"图层 7 副本"添加图层蒙版，设置前景色的颜色为黑色，选择线性渐变工具 设置渐变形为从前景色到透明，从左下角向右上方拖动绘制渐变，得到类似如图5.95所示的效果，图层蒙版状态如5.96所示。

图5.93 设置图层混合模式　　图5.94 调整倒影形状　　图5.95 绘制渐变后的效果 图5.96 图层蒙版状态
　　后的效果

⑲ 按照上一步的方法制作侧面的倒影，得到"图层 8 副本"，设置其图层"不透明度"为80%，得到如图5.97所示的最终效果，图层蒙版状态如图5.98所示。"图层"面板如图5.99所示。

图5.97 最终效果

图5.98 图层蒙版状态

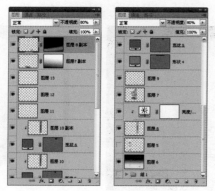

图5.99 "图层"面板

> |提示| 本节最终效果为随书所附光盘中的文件"第5章\5.3.psd"。

技能总结

● 使用形状工具绘制形状。
● 利用剪贴蒙版限制图像的显示范围。
● 通过设置图层属性以混合图像。
● 应用调整图层的功能，调整图像的亮度、色彩等属性。
● 应用"描边"命令，制作图像的描边效果。
● 利用图层蒙版功能隐藏不需要的图像。
● 应用"盖印"命令合并可见图层中的图像。

5.4 酸——苹果汁包装设计

基本信息

学习难度：★★★

主要技术： 绘制路径、图层样式、滤镜、调整图层

图层数量： 34

通道数量： 0

路径数量： 0

设计解析

　　由于本案例中的苹果汁并不是纯酸味的产品，其口味为以酸为主，但酸中带甜，因此设计得从这一角度从发，选择了黄绿色作为主要色调。考虑到突出产品的苹果汁特色，设计者

在背景图像及前景主体图像部分都使用了青苹果，配合黄绿色突出产品的特质。从构成方面来看，设计者选择了左右对称均衡的方式，使整个设计方案的稳定感增强。

设计流程解析

用图5.100所示的流程图对制作过程进行了示意，并在下面分别解析各个制作步骤。

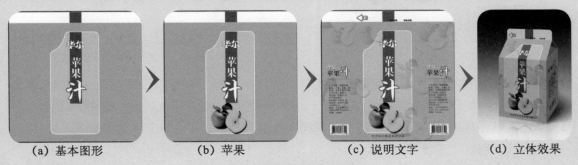

（a）基本图形　　　　（b）苹果　　　　（c）说明文字　　　　（d）立体效果

图5.100 设计流程示意图

基本图形

在本例中，包装正面的图像是以一个图形为主构成的，在制作过程中，可以结合文字工具、钢笔工具 ✎.及矩形工具 ▢ 绘制中间的图形并输入文字，然后使用图层样式为其增加描边效果。

苹果

苹果是本包装中具有象征和说明意义的图像，因此在调整过程中，结合滤镜及调整图层功能对图像的表面光滑度及整体的色彩进行细致的调整，使苹果图像看起来清新且自然。

说明文字

在本例的饮料包装中，需要在包装的侧面或背面说明生产类型、生产日期以及条形码等内容。在编排的过程中，应注意在包装侧面的四边保留一定的距离，避免由于排的过满，影响整体的美观。

立体效果

在本例的包装立体效果中，可以以变换功能为主来模拟其立体效果，但其顶部要比普通的矩形包装麻烦一些。仔细观察后不难看出，虽然在造型上略有区别，但完全可以使用相同的技术实现，只是在制作过程中多注意透视关系的处理即可。

操作步骤

第1部分 制作平面效果

① 按Ctrl+N键新建一个文件，设置弹出对话框（如图5.101所示），按Ctrl+R键调出标尺，从正面和侧面分别拖出如图5.102所示的两条辅助线，以区分正面、侧面及封口。

图5.101 "新建"对话框

图5.102 拖出辅助线

② 使用矩形选框工具 [▢]，沿着辅助线绘制如图5.103所示的选区，设置前景色的颜色值为afeda5，按Alt+Delete键用前景色填充选区，按Ctrl+D键取消选区，得到如图5.104所示的效果。

③ 单击形状图层命令按钮 [▢]，设置"半径"数值为25px，在包装正面绘制如图5.105所示的形状，得到"形状 1"。

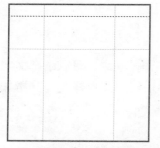

图5.103 绘制选区

图5.104 填色并取消选区后的效果

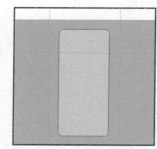

图5.105 绘制圆角矩形

④ 保持"形状 1"的矢量蒙版缩览图处于被选中状态，选择椭圆工具 [⬭] 并在其工具选项条上单击从形状区域减去按钮 [▢]，按Shift键在浅绿色圆角矩形的左上角绘制如图5.106所示的正圆形状以减去多余的形状。

⑤ 使用路径选择工具 [▸] 将前两步绘制的路径同时选中，在其工具选项条上单击"组合"按钮 [组合]，得到如图5.107所示的的路径，使用路径选择工具 [▸]、添加锚点工具 [✎]及转换点工具 [⬎]，将路径的左上角的尖角修圆，得到类似如图5.108所示的效果。

⑥ 打开随书所附光盘中的文件"第5章\5.4-素材1.asl"，选择"窗口"→"样式"命令，显示"样式"面板，选择刚打开的样式（通常在面板中最后一个）为"形状 1"应用样式，此时图像效果如图5.109所示。

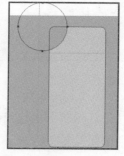

图5.106 减去多余的形状

图5.107 组合后的路径

图5.107 调整路径后的效果

图5.109 应用图层样式后的效果

⑦ 设置前景色的颜色值为2d923e，选择矩形工具 ▢ 并在其工具选项条上单击形状图层命令按钮 ▢ ，在包装的正面中央位置和封口的中央位置绘制如图5.110所示的形状，得到"形状 2"。

⑧ 使用矩形选框工具 ▢ ，在图像中央的浅绿色形状上方绘制如图5.111所示的选区，按Alt键单击添加图层蒙版按钮 ◻ 为"形状 2"添加图层蒙版，单击其矢量蒙版缩览图隐藏路径，得到如图5.112所示的效果。

> | 提示 | 绘制选区的时候，要将浅绿色形状的白色描边也框选绘制在内，这样在添加蒙版后才可以显示出该图形的白色描边效果。

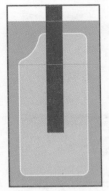
图5.110 绘制形状

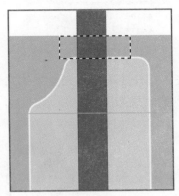
图5.111 绘制选区

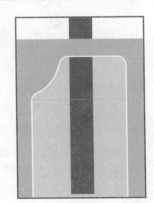
图5.112 添加蒙版后的效果

⑨ 设置前景色的颜色为白色，选择横排文字工具 T 和直排文字工具 T ，在绿色竖条上输入如图5.113所示的文字，得到相应的文本图层，此时的"图层"面板如图5.114所示。

⑩ 按照本部分第 ⑥ 步的操作方法，打开随书所附光盘中的文件"第5章\5.4-素材2.asl"，并为文字图层"华尔"应用样式，得到的效果如图5.115所示。

⑪ 按照上一步的方法，打开随书所附光盘中的文件"第5章\5.4-素材3.asl"，并为文字图层"汁"应用图层样式，得到如图5.116所示的效果。

图5.113 输入文字

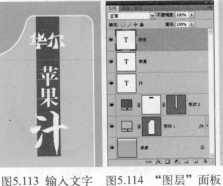
图5.114 "图层"面板

图5.115 "华尔"应用样式
后的效果

图5.116 "汁"应用样式
后的效果

⑫ 打开随书所附光盘中的文件"第5章\5.4-素材4.psd"，使用移动工具 ▶⊕ 将其移动到"汁"字下方，得到"图层 1"，将其拖至所有图层上方，按Ctrl+T键调出自由变换控制框，按Shift键将其缩小，按Enter键确认变换操作，得到如图5.117所示的效果。

⑬ 选择"滤镜"→"模糊"→"特殊模糊"命令，设置弹出对话框（如图5.118所示），单击"确定"按钮以退出对话框，得到如图5.119所示的效果。

图5.117 调整位置后的效果

图5.118 "表面模糊"对话框

图5.119 模糊后的效果

⑭ 按照本部分第⑥步的操作方法，打开随书所附光盘中的文件"第5章\5.4-素材5.asl"，并为"图层1"应用样式，得到的效果如图5.120所示。

⑮ 单击创建新的填充或调整图层命令按钮 ，在弹出菜单中选择"通道混合器"命令，得到图层"通道混合器1"，按Ctrl+Alt+G键执行"创建剪贴蒙版"操作，设置弹出的面板（如图5.121、图5.122和图5.123所示），得到如图5.124所示的效果。

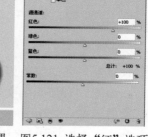
图5.120 应用样式后的效果　图5.121 选择"红"选项

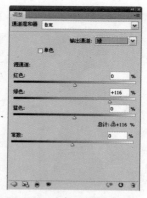
图5.122 选择"绿"选项

图5.123 选择"蓝"选项

图5.124 调整后的效果

⑯ 单击创建新的填充或调整图层命令按钮 ，在弹出菜单中选择"曲线"命令，得到图层"曲线1"，按Ctrl+Alt+G键执行"创建剪贴蒙版"操作，设置弹出的面板（如图5.125所示），得到如图5.126所示的效果。

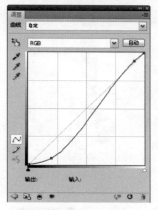

图5.125 "曲线"面板

图5.126 调整后的效果

⑰ 根据前面所介绍的操作方法，结合文字工具、形状工具以及图层样式等功能，制作包装上、下以及右侧的文字及装饰图像，如图5.127所示。"图层"面板如图5.128所示。

> | 提示 | 本步骤中关于图像的颜色值以及图层样式的设置请参考最终效果源文件。另外，设置了"形状4"（箭头）的填充为0%，条形码的素材文件为随书所附光盘中的文件"第5章\5.4-素材6.tif"。

⑱ 选择"图层 2"，按Shift键单击"产品类型：……"图层名称，按Ctrl+Alt+E键执行"盖印"操作，得到"图层 2（合并）"，使用移动工具 将其移动到左侧，得到如图5.129所示的效果。

图5.127 制作文字及装饰图像

图5.128 "图层"面板

图5.129 盖印并调整位置后的效果

> | 提示 | 此时观察包装的整体效果可以看出，背景中的图像略显单调，下面为其增加一些淡淡的苹果底纹，以丰富整个包装的效果。

⑲ 按住Alt键向下拖动"图层 1"到其下方，得到"图层 1 副本"，设置其图层"不透明度"为19%，调整其大小和位置得到如图5.130所示的效果。

⑳ 使用矩形选框工具 将上一步得到的图像框选，将移动工具 放到选区内，按住Alt键将其选中复制，并结合自由变换控制框调整其大小，按Ctrl+D键取消选区，得到类似如图5.131所示的效果。

㉑ 使用矩形选框工具 ，绘制一个选区将包装中的绿色背景区域选中，如图5.132所示，

单击添加图层蒙版命令按钮以将超出绿色背景的苹果图像隐藏，如图5.133所示。

㉒ 按Ctrl+Alt+Shift+E键执行"盖印"操作，得到"图层3"，此时的"图层"面板如图5.134所示。

㉓ 双击"背景"图层，在弹出对话框中单击"确定"按钮以退出对话框，将其转化为普通图层"图层0"，选择"图层3"之外的所有图层，按Ctrl+G键将其编组，得到"组1"，并将其隐藏。

图5.130 调整图层不透明度后的效果

图5.131 复制及调整后的效果

图5.132 绘制矩形选区

图5.133 添加图层蒙版后的效果

图5.134 "图层"面板

| 第2部分 制作立体效果 |

① 选择"图像"→"画布大小"命令，设置弹出对话框（如图5.135所示），单击"确定"按钮以退出对话框，得到如图5.136所示的效果，在"组1"上方新建一个图层得到"图层4"。

图5.135 "画布大小"对话框

图5.136 扩展画布后的效果

② 选择线性渐变工具，设置其渐变类型如图5.137所示，其中颜色块的颜色值从左至右依次为002400、1e762f和f6fff4，从上向下拖动绘制渐变，得到类似如图5.138所示的效果。

图5.137 "渐变编辑器"对话框

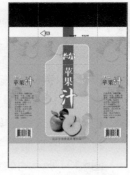

图5.138 绘制渐变后的效果

③ 选择"图层 3"，使用矩形选框工具
　 沿着辅助线绘制如图5.139所示的选
　 区，按Ctrl+X键执行"剪切"命令，按
　 Ctrl+V键执行"粘贴"操作，得到"图
　 层 5"，隐藏"图层 3"，按Ctrl+;键隐
　 藏辅助线。

图5.139 沿辅助线绘制选区　　图5.140 将图像变形

④ 按Ctrl+T键调出自由变换控制框，按住
　 Ctrl键拖动其控制点变换上一步得到的
　 图像，得到类似如图5.140所示透视效
　 果，按Enter键确认变换操作。

⑤ 选择"图像"→"调整"→"亮度/对比度"命令，设置弹出对话框（如图5.141所示），以
　 将上一步得到图像调暗，单击"确定"按钮以退出对话框，得到如图5.142所示的效果。

⑥ 按Ctrl+;键显示辅助线，显示"图层 3"，按住Alt键单击其前面的眼睛图标 以将其他
　 图层隐藏，沿着辅助线，在包装正面上部绘制如图5.143所示的选区，按Ctrl+X键执行
　 "剪切"命令。

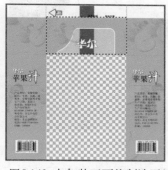

图5.141 "亮度/对比度"对话框　　图5.142 调色后的效果　　图5.143 在包装正面绘制选区

⑦ 按Alt键再次单击"图层 3"前面的眼睛图标 以显示除了"组 1"外的所有图层，隐藏
　 "图层 3"，按Ctrl+V键执行"粘贴"操作，得到"图层 6"。

⑧ 按Ctrl+T键调出自由变换控制框，按住Ctrl键拖动控制点将上一步得到的图像变形，得到
　 类似如图5.144所示的效果，按Enter键确认变换操作。

⑨ 选择"图像"→"调整"→"亮度/对比度"命令，设置弹出对话框（如图5.145所
　 示），单击"确定"按钮以退出对话框，效果如图5.146所示。

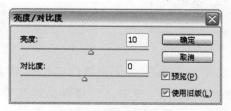

图5.144 变形图像　　　　图5.145 "亮度/对比度"对话框　　　　图 5.146 调整后的效果

⑩ 按照前面制作包装正面和封顶的做
法，将包装的侧面和封口也变形制
作出来，按Ctrl+键；以隐藏辅助
线，得到如图5.147所示的效果，得
到"图层 7"～"图层 9"。此时
"图层"面板状态如图5.148所示。

⑪ 选择"图层 9"使用多边形套索工
具 在其上方绘制如图5.149所示的
选区，选择"图像"→"调整"→
"亮度/对比度"命令，设置弹出对

图5.147 全部变形后的效果　　图5.148 "图层"面板

话框（如图5.150所示），单击"确定"按钮以退出对话框，按Ctrl+D键取消选区，得到如
图5.151所示的阴影效果。

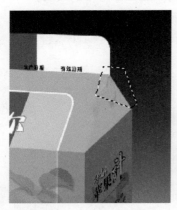 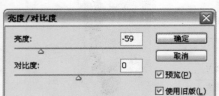 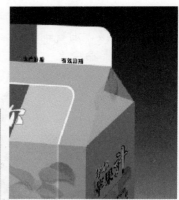

图5.149 绘制不规则选区　　　　图5.150 "亮度/对比度"对话框　　　　图5.151 调色后的效果

⑫ 按照上一步的方法再次调出"亮度/对比度"对话框，其设置如图5.152所示，单击"确
定"按钮，得到如图5.153所示的效果。

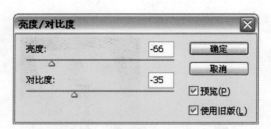 

图5.152 "亮度/对比度"对话框　　　　　　　　　　　图5.153 调色后的效果

⑬ 复制"图层 8"得到"图层 8 副本"，使用移动工具 将其向下移动一点，选择"图
像"→"调整"→"亮度/对比度"命令，设置弹出对话框（如图5.154所示），单击
"确定"按钮以退出对话框，得到如图5.155所示的效果。

▶ | 提示 | 为了使包装的折角处更加的平滑，下面将分别在各个折角处添加直线并进行适当的处理。

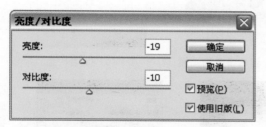

图5.154 "亮度/对比度"对话框

图5.155 移动位置并调色后的效果

⑭ 在所有图层上方新建一个图层得到"图层 11"，设置前景色的颜色为白色，选择画笔工具 ✐，设置适当的画笔大小和不透明度，按Shift键在包装折角的位置绘制如图5.156所示的直线，设置其"不透明度"为20%，得到如图5.157所示的效果，此时"图层"面板如图5.158所示。

⑮ 在"图层 4"上方新建一个图层得到"图层 12"，设置前景色的颜色为黑色，选择画笔工具 ✐，设置适当的画笔大小和不透明度在包装右侧绘制如图5.159所示的阴影效果。

图5.156 绘制直线

图5.157 设置图层不透明度后的效果

图5.158 "图层"面板状态

图5.159 绘制阴影

▶ | 提示 | 下面制作包装的倒影效果。

⑯ 复制"图层 5"得到"图层 5 副本"，按Ctrl+T键调出自由变换控制框，选择"编辑"→"变换"→"垂直翻转"命令，按住Ctrl键拖动其控制点将其变形使其底边与正立的底边相符合，得到类似如图5.160所示的效果，按Enter键确认变换操作。

⑰ 设置"图层 5 副本"的"不透明度"为15%，得到如图5.161所示的效果。

⑱ 单击添加图层蒙版按钮 ▣ 为"图层 5 副本"添加图层蒙版，设置前景色颜色为黑色，选择线性渐变工具 ▣，设置渐变类型为前景色到透明，从左下方向右上方拖动绘制渐变以将多余效果隐藏，得到如图5.162所示的效果，图层蒙版状态如图5.163所示。

图5.160 变形图像

图5.161 设置不透明度

图5.162 隐藏多余的图像

图5.163 蒙版状态

⑲ 按照前 ③ 步的方法，制作侧面的倒影，得到如图5.164所示的最终效果，"图层"面板状态如图5.165所示。

| 提示 | 本节最终效果为随书所附光盘中的文件"第5章\5.4.psd"。

图5.164 最终效果

图5.165 "图层"面板

❯ 技能总结

- 使用形状工具绘制形状。
- 通过添加图层样式，制作图像的描边、投影等效果。
- 利用图层蒙版功能隐藏不需要的图像。
- 应用"特殊模糊"命令制作模糊的图像效果。
- 应用调整图层的功能，调整图像的亮度、色彩等属性。
- 通过设置图层属性以混合图像。
- 应用"盖印"命令合并可见图层中的图像。

5.5 辣——辣味薯片软包装设计

❯ 基本信息

学习难度：★★★

主要技术：图层样式、图层蒙版、图层样式、滤镜、画笔绘图

图层数量：24

通道数量：0

路径数量：3

设计解析

与其他味觉略有不同，在表现辣味方面目前为止没有比红色更为贴切的颜色，因此考虑到体现薯片的麻辣口味，设计者使用了火热的红色。为了更加突出与强调麻辣口味，设计者还在包装上增加了红色的辣椒与火焰形状的视觉装饰元素，这些设计元素是表现麻辣口味食品的常用的元素，值得各位读者关注。

设计流程解析

用图5.166所示的流程图对制作过程进行了示意，并在下面分别解析各个制作步骤。

（a）主体图像　　　（b）火焰图形　　　（c）文字　　　（d）立体效果

图5.166 设计流程示意图

|主体图像|

红色是突出食物辛辣的典型颜色，因此在本包装的主体图像中，结合了调整图层、剪贴蒙版等功能，刻意地强化了图像中的红色，以突出"辣"的感觉。

|火焰图形|

辣得喷出火来，这是在很多表现辣的广告中，较为常见的表现手法。在本例的包装中，就是采用了一些火焰图形，通过调整不同的颜色及层次，将它们摆放在包装的底部，一方面是遮住了部分主体图像的硬边，另一方面也突出该产品的确是非常的辣。

|文字|

在表现"辣"这种带有"动感"的味觉时，其包装的文字编排自然也应该灵活一些。在本例中，设计师从文字的字体、角度属性以及文字形态等多方面入手，以匹配整体的感觉。

|立体效果|

本例制作的是一个袋装产品的立体效果，其制作方法与盒体类的完全不同。在制作此类包装立体效果时，应注重将包装模拟得"鼓"起来，最简单的方法就是将四周变暗，而将中间变亮，再配合袋装的基本造型，即可得到较好的立体效果。

操作步骤

|第1部分 制作平面图|

① 按Ctrl+N键新建一个文件，设置弹出对话框，如图5.167所示。

② 设置前景色的颜色值为ffffff，背景色颜色值为a60000，选择径向渐变工具  设置渐变类型为从前景色到背景色，从图像的中央向外拖动绘制渐变，得到类似如图5.168所示的效果。

③ 打开随书所附光盘中的文件"第5章\5.5-素材1.psd"，使用移动工具 将其移动到背景的左上部，得到"图层 1"，其效果如图5.169所示。

图5.167 "新建"对话框

图5.168 绘制渐变后的效果

图5.169 调整位置后的效果

④ 单击添加图层样式命令按钮 fx ，在弹出的菜单中选择"投影"命令，设置弹出对话框（如图5.170所示），单击"确定"按钮以退出对话框，得到如图5.171所示的效果。

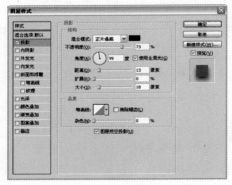

图5.170 "投影"命令对话框

图5.171 添加图层样式后的效果

⑤ 单击创建新的填充或调整图层命令按钮 ，在弹出菜单中选择"曲线"命令，得到图层"曲线 1"，按Ctrl+Alt+G键执行"创建剪贴蒙版"操作，设置弹出的面板（如图5.172所示），得到如图5.173所示的效果。

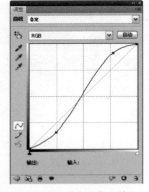

图5.172 "曲线"面板

图5.173 调整后的效果

⑥ 打开随书所附光盘中的文件"第5章\5.5-素材2.tif"，使用移动工具 ⊕ 将其移动到新建
文件右下部，得到"图层2"，其效果如图5.174所示。

⑦ 选择钢笔工具 ⌀ 并在其工具选项条上单击路径命令按钮 ▨ ，在上一步得到的图像上绘
制如图所5.175示的路径，按Ctrl+Enter键将其转化为选区，单击添加图层蒙版按钮 ▢
为"图层2"添加图层蒙版，得到如图5.176所示的效果。

图5.174 调整素材图像

图5.175 绘制路径

图5.176 添加图层蒙版后的效果

⑧ 单击创建新的填充或调整图层命令按钮 ◑ ，在弹出菜单中选择"曲线"命令，按
Ctrl+Alt+G键执行"创建剪贴蒙版"操作，设置弹出的面板（如图5.177所示），得到如
图5.178所示的效果，同时得到"曲线2"图层。

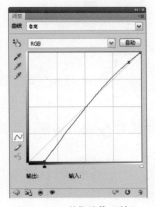
图5.177 "曲线"面板

图5.178 调整后的效果

⑨ 选择钢笔工具 ⌀ 并在工具选项条上单击路
径命令按钮 ▨ ，在碗内的食物上绘制如图
5.179所示的路径，按Ctrl+Enter键将其转化
为选区；单击创建新的填充或调整图层命
令按钮 ◑ ，在弹出菜单中选择"通道混合
器"命令，得到图层"通道混合器1"；按
Ctrl+Alt+G键执行"创建剪贴蒙版"操作，
设置弹出的面板（如图5.180所示），得到如
图5.181所示的效果。

图5.179 在碗内绘制路径

图5.180 "通道混合器"面板

图5.181 调整后的效果

⑩ 按Ctrl键单击"通道混合器 1"的蒙版缩览图以调出其选区，单击创建新的填充或调整图层命令按钮 ，在弹出菜单中选择"曲线"命令，得到图层"曲线 3"；按Ctrl+Alt+G键执行"创建剪贴蒙版"操作，设置弹出的面板（如图5.182所示），得到如图5.183所示的效果，此时"图层"面板状态如图5.184所示。

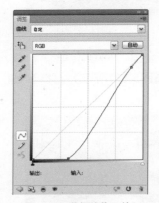  

图5.182 "曲线"面板　　　　　图5.183 调整后的效果　　　　　图5.184 "图层"面板

⑪ 打开随书所附光盘中的文件"第5章\5.5-素材3.psd"，使用移动工具 将其移动到背景底部，得到"图层 3"，其效果如图5.185所示。

⑫ 复制"图层 3"5次，得到"图层 3 副本"～"图层 3 副本 5"，分别利用Ctrl+T键调出自由变换控制框，调整其形状和角度，并修改其颜色，得到类似如图5.186所示的效果。

⑬ 设置前景色的颜色为白色，选择横排文字工具 并在其工具选项条上设置适当的字体和字号，在辣椒下方输入"peppery"得到相应的文本图层，其效果如图5.187所示。

  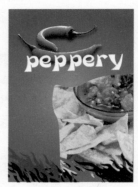

图5.185 调整素材图像　　　　图5.186 复制并调整图像状态及角度　　　　图5.187 输入英文

⑭ 单击添加图层样式命令按钮 *fx*，在弹出的菜单中选择"描边"命令，设置弹出对话框（如图5.188所示），单击"确定"按钮以退出对话框，得到如图5.189所示的效果。

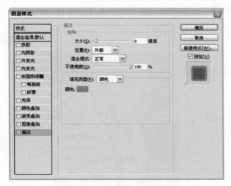

图5.188 "描边"对话框

图5.189 制作文字的描边效果

> |提示| 在"描边"命令对话框中，颜色块的颜色值为ff0000。

⑮ 新建一个图层得到"图层4"，将其移动到"peppery"下方。

⑯ 按Ctrl键单击"peppery"的图层缩览图以调出其选区，选择"选择"→"修改"→"扩展"命令，在弹出的对话框中设置"扩展量"为15像素，单击"确定"按钮以退出对话框，得到如图5.190所示的选区。

⑰ 设置前景色的颜色为黑色，按Alt+Delete键用前景色填充选区，按Ctrl+D键取消选区，得到如图5.191所示的效果。

图5.190 扩展后的选区

图5.191 取消选取后的效果

⑱ 按Ctrl键单击"peppery"的图层名称，以将"图层4"和"peppery"同时选中，按Ctrl+T键调出自由变换控制框，将其逆时针旋转19°左右，如图5.192所示，

图5.192 旋转文字

⑲ 打开随书所附光盘中的文件 "第5章\5.5-素材4.psd"，使用移动工具 将其移动到图像的左下方，得到 "图层 5"，其效果如图5.193所示。

⑳ 单击添加图层样式命令按钮 *fx*，在弹出菜单中选择 "描边" 命令，设置弹出对话框（如图5.194所示），单击 "确定" 按钮以退出对话框，得到如图5.195所示的效果。

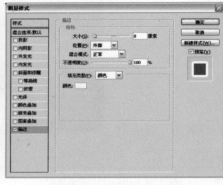

图5.193 调整素材图像　　　　图5.194 "描边"对话框　　　　图5.195 添加图层样式后的效果

㉑ 按Ctrl+T键调出自由变换控制框，将其逆时针旋转10°左右，如图5.196所示，按Enter键确认变换操作。

㉒ 设置前景色的颜色为白色，选择横排文字工具 **T**，在 "辣" 的左侧输入 "非常的麻" 和 "非常的"，得到相应的文本图层，利用自由变换控制框调整其角度，得到类似如图5.197所示的效果。

图5.196 旋转图像　　　　　　　　　　图5.197 输入文字并调整角度后的效果

> **| 提示 |** 此时观察图像的整体效果可以看出，背景中仍显得缺少一些装饰性的元素，下面将使用画笔工具 在背景中绘制图形，以解决这个问题。

㉓ 选择 "背景" 图层，新建一个图层得到 "图层 6"。

㉔ 设置前景色的颜色值为d84600，选择画笔工具 ，按F5键调出 "画笔" 面板，单击右上角的面板按钮 ，在弹出菜单中选择 "载入画笔" 命令，打开随书所附光盘中的文件 "第5章\5.5-素材5.abr"，单击 "追加" 按钮以退出对话框。

㉕ 选择上一步置入的画笔，调整其画笔大小并在背景上涂抹，得到类似如图5.198所示的效果，设置图层 "不透明度" 为36%，得到如图5.199所示的效果。

㉖ 按Ctrl+Shift+Alt+E键执行"盖印"操作，得到"图层7"，按住Alt键双击"背景"图层以将其转换为普通图层，得到"图层0"。

㉗ 按Ctrl+Alt+A键选中所有图层，并按住Ctrl键单击"图层7"的名称以选择除该图层以外的所有图层，按Ctrl+G键将其编组，得到"组1"，并将其隐藏。

图5.198 使用画笔涂抹

图5.199 设置图层不透明度后的效果

▶ |提示| 执行"盖印"操作得到的"图层7"，将用于下一部分操作中制作立体效果。

| 第2部分 制作立体图 |

① 选择"图层7"，单击添加图层蒙版按钮 为其添加图层蒙版，设置前景色的颜色为黑色，选择画笔工具 ，按F5键调出"画笔"面板，设置前景色的颜色为黑色，画笔面板设置如图5.200所示。在图像上下两边按Shift键绘制两条直线，得到类似如图5.201所示的效果，图层蒙版状态如图5.202所示。

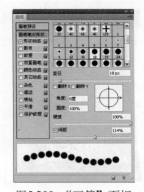
图5.200 "画笔"面板

图5.201 使用画笔涂抹后的效果

图5.202 图层蒙版状态

② 选择"图像"→"画布大小"命令，设置弹出对话框如图5.203所示，单击"确定"按钮以退出对话框，将画布扩大，得到如图5.204所示的效果。

图5.203 "画布大小"对话框

图5.204 扩大画布后的效果

③ 在"组 1"上方新建一个图层，得到"图层 8"，设置前景色的颜色为白色，按 Alt+Delete键用前景色填充图层。

> |提示|下面将利用变形功能及"球面化"滤镜为包装袋制作突出的图像效果。

④ 选择"图层 7"，使用矩形选框在图像上绘制如图5.205所示的选区，选择"编辑"→"变换"→"变形"命令，在弹出的变形控制框中，拖动控制点和控制句柄，调整其形状，得到类似如图5.206所示的效果，按Enter键确认变换操作，得到如图5.207所示的效果。

图5.205 绘制矩形选区

图5.206 变形图像

图5.207 变形后的选区

⑤ 保持上一步的选区不变，选择"滤镜"→"扭曲"→"球面化"命令，设置弹出对话框（如图5.208所示），单击"确定"按钮以退出对话框，得到如图5.209所示的效果，按Ctrl+J键将选区内图像拷贝到新图层，得到"图层 9"。

图5.208 "球面化"命令对话框

图5.209 球面化后的效果

⑥ 选择"图层 7"单击添加图层样式命令按钮 fx.，在弹出的菜单中选择"投影"命令，设置弹出对话框（如图5.210所示），单击"确定"按钮以退出对话框，得到如图5.211所示的效果。

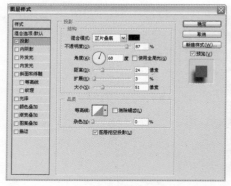

图5.210 "投影"命令对话框

图5.211 制作投影效果

⑦ 选择"图层 9"单击添加图层样式命令按钮 _fx_，在弹出的菜单中选择"内阴影"命令，
设置弹出对话框（如图5.212所示），单击"确定"按钮以退出对话框，得到如图5.213所示
的效果。

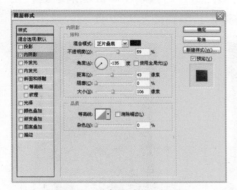

图5.212 "内发光"对话框

图5.213 制作发光效果

> |提示| 下面将为包装袋底部增加与突出的区域相同的阴影效果。

⑧ 新建一个图层得到"图层 10"，
按Ctrl键单击"图层 7"的图
层缩览图以调出其选区，再按
Ctrl+Shift+Alt键单击其蒙版缩览
图，得到如图5.214所示的选区，
使用矩形选框工具 ，按住Alt键
从上向下拖动绘制选区减选，使选
区只剩下底边的部分，得到类似如
图5.215所示的选区。

图5.214 选区状态　　图5.215 减选后的选区

⑨ 设置前景色的颜色为黑色，选择画笔工具 并设置适当的画笔大小和不透明度在选区内
涂抹，得到类似如图5.216所示的效果，按Ctrl+D键取消选区，设置图层"不透明度"为
70%左右，得到如图5.217所示的效果。

图5.216 增加阴影图像后的效果

图5.217 设置图层不透明度后的效果

> |提示| 下面来为包装表面增加反向的高光效果。

⑩ 新建一个图层得到"图层 11",选择钢笔工具 并在其工具选项条上单击路径命令按钮 ，在包装两侧绘制如图5.218所示的路径，按Ctrl+Enter键将其转化为选区。

⑪ 设置前景色的颜色为白色，按Alt+Delete键用前景色填充选区，按Ctrl+D键取消选区，得到如图5.219所示的效果，设置图层"不透明度"为32%，得到如图5.220所示的效果。

图5.218 在包装两侧绘制路径

图5.219 填充白色后的效果

图5.220 设置不透明度后的效果

⑫ 单击添加图层蒙版命令按钮 ，为"图层 11"添加图层蒙版，设置前景色的颜色为黑色，选择线性渐变工具 并在其工具选项条上设置渐变类型为从前景色到透明，从下向上拖动绘制渐变，得到如图5.221所示的最终效果，图层蒙版状态如图5.222所示，对应的"图层"面板如图5.223所示。

图5.221 最终效果

图5.222 图层蒙版

图5.223 "图层"面板

> |提示|本节最终效果为随书所附光盘中的文件"第5章\5.5.psd"。

〉技能总结

- 应用渐变工具绘制渐变。
- 应用调整图层的功能，调整图像的亮度、色彩等属性。
- 利用图层蒙版功能隐藏不需要的图像。
- 结合画笔工具 及特殊画笔素材绘制图像。
- 通过设置图层属性以混合图像。利用剪贴蒙版功能限制图像的显示范围。
- 应用"球面化"命令制作球形图像。

5.6 苦——茶叶礼盒包装设计

> 基本信息

学习难度：★★

主要技术：图层样式、混合模式、变换

图层数量：23

通道数量：0

路径数量：1

> 设计解析

据调查，96%的人认为绿色茶罐里的茶气味清新、香醇、品质纯正，茶水颜色清澈，是当年的新茶。87%的人认为兰色茶罐里的茶有酸涩感，风味不佳。92%的人认为棕色茶罐里的茶气味浓郁醇厚、回味持久、品质纯正，是上等好茶。

考虑到不同的颜色对人的味道影响，设计者选择了棕色做为包装的主要用色，为了突现这种茶古朴典雅、历史悠久的格调，设计者使用了中国传统的花纹。本案例的设计技术含量中等，但整个包装盒立体效果的制作过程与技法值得深入学习。

> 设计流程解析

用图5.224所示的流程图对制作过程进行了示意，并在下面分别解析各个制作步骤。

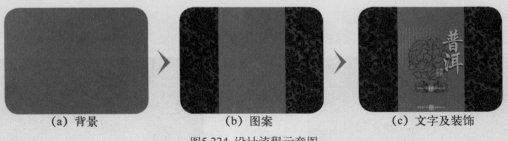

(a) 背景　　　　　　　　(b) 图案　　　　　　　　(c) 文字及装饰

图5.224 设计流程示意图

| 背景 |

本例的背景是使用混合模式功能，将一幅略带褶皱感的纹理与背景中的单色进行融合而得到的。

| 图案 |

包装左右两侧的图案，采用与底色相同色系但饱和度略低的颜色为底，然后将黑色的中国古典图案叠加在上面，使整体看来沉稳、大气、古色古香。

| 文字及装饰 |

本例的包装在整体风格上比较简洁，在文字编排上也是如此。为了突出普洱茶悠久的历

史，文字上采用了较多的字体，比如主体文字"普洱"采用了颇具书法字体的"行楷"体，其左下角的"云南名茶"采用了"篆书"体，而左上方的文字是书法体的文字素材，不过由于整体的大小安排得当，并没有产生凌乱的感觉。

另外，包装中还加入了一些其他的花纹作为装饰，让整体看起来朴素之余又不失美观与品味。

❯操作步骤

① 按Ctrl+N键新建一个文件，设置弹出对话框（如图5.225所示），设置前景色颜色值为a67a52，按Alt+Delete键用前景色填充"背景"图层，按Ctrl+R键调出标尺，从顶部和左侧各拖出两条辅助线，以划分正面及侧面区域，得到如图5.226所示的效果。

图5.225 "新建"对话框　　　　　　　　图5.226 填色并拖出辅助线后的效果

② 打开随书所附光盘中的文件"第5章\5.6-素材1.tif"，使用移动工具 ▶₊ 将其拖到正在制作的文件中，调整其大小与画布大小向适应，得到"图层 1"，设置其混合模式为"正片叠底"，效果如图5.227所示。

③ 新建一个图层得到"图层 2"，设置前景色的颜色值为4f382e，选择矩形工具 ▢ 并在其工具选项调上单击填充像素按钮 ▢，在文件左侧绘制如图5.228所示的矩形。

图5.227 设置"正片叠底"后的效果　　　　　图5.228 绘制矩形

④ 使用矩形选框工具 ▣ 将上一步绘制的矩形框选上，选择移动工具 ▶₊，按住Alt键将其复制并移动到右侧靠边，按Ctrl+D键取消选区，得到如图5.229所示的效果。

⑤ 打开随书所附光盘中的文件"第5章\5.6-素材2.psd"，使用移动工具 ▶₊ 将其拖至左侧的矩形上得到"图层 3"，其效果如图5.230所示；使用移动工具 ▶₊ 按住Alt键将其向右拖

动到右侧的矩形上，得到"图层3副本"，此时图像的效果如图5.231所示。

(6) 打开随书所附光盘中的文件"第5章\5.6-素材3.psd"，使用移动工具 将其拖至辅助线中央得到"图层 4"，按Ctrl+T键调出自由变换控制框，按Shift键将其缩小，按Enter键确认变换操作，得到如图5.232所示的效果。

图5.229 复制并取消选取后的效果

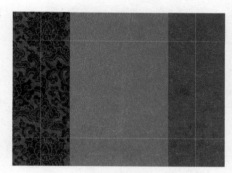

图5.230 调整素材图像后的效果

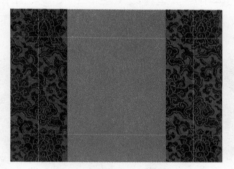

图5.231 复制后的效果

图5.232 调整素材大小和位置后的效果

(7) 设置"图层 4"的图层混合模式为"叠加"，得到如图5.233所示的效果。

(8) 打开随书所附光盘中的文件"第5章\5.6-素材4.psd"，使用移动工具 将其拖至文件中央的花纹的左上角，得到"图层 5"，按Ctrl+T键调出自由变换控制框，按Shift键将其缩小，按Enter键确认变换操作，得到如图5.234所示的效果。

图5.233 设置"叠加"后的效果

图5.234 调整大小和位置后的效果

(9) 设置前景色的颜色值为d3b078，单击锁定透明像素按钮 ，按Alt+Delete键用前景色填充图层，得到如图5.2335所示的效果。

(10) 设置前景色的颜色值为d2b184，选择直排文字工具 ，在文件中央的花纹右侧输入"普洱"，得到相应的文本图层，其效果如图5.236所示。

图5.235 修改颜色后的效果

图5.236 输入主题文字

⑪ 单击添加图层样式命令按钮 _fx._，在弹出的菜单中选择"投影"命令，设置弹出对话框
（如图5.237所示），单击"确定"按钮以退出对话框，得到如图5.238所示的效果。

⑫ 下面开始制作一个印章，设置前景色的颜色值为d2b184，选择圆角矩形工具 ▢，并在其
工具选项调上单击形状图层命令按钮 ▢，设置"半径"数值为5px，在"普洱"左下角
绘制如图5.239所示的圆角矩形，得到"形状 1"。

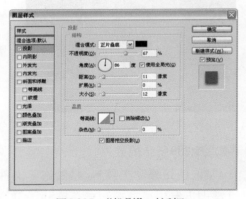

图5.237 "投影"对话框

图5.238 制作投影效果

图5.239 绘制圆角矩形

⑬ 保持"形状 1"的矢量蒙版缩览图处于被选中
状态，按Ctrl+Alt+T键调出自由变换并复制对话
框，按Shift+Alt键将路径保持中心不变缩小，得
到类似如图5.240所示的效果，按Enter键确认变
换操作。

⑭ 使用路径选择工具 ▸ 选择上一步得到的路径，在
工具选项条上单击从形状区域减去按钮 ▢，单击
"形状 1"的矢量蒙版缩览图以隐藏路径，得到如
图5.241所示的效果。

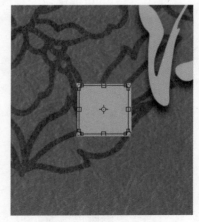

图5.240 复制并缩小路径

⑮ 保持前景色的颜色值不变，选择横排文字工具
T，设置适当的字体和字号，在上一步的得到
的形状中输入"云南 名茶"得到相应的文本图层，其效果如图5.242所示。

⑯ 打开随书所附光盘中的文件"第5章\5.6-素材5.psd"，使用移动工具 ✛ 将其移拖到靠下

的横向辅助线上方，得到"图层 6"按Ctrl+T键调出自由变换控制框，按Shift键将其缩小，按Enter键确认变换操作，得到如图5.243所示的效果。

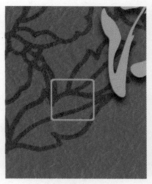

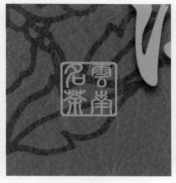

图5.241 单击从形状区域减去命   图5.242 输入文字   图5.243 调整素材图像
令按钮后的效果

⑰ 设置"图层 6"的"不透明度"为50%，得到如图5.244所示的效果。

⑱ 复制"图层 6"两次，得到"图层 6 副本"和"图层 6 副本 2"，并且将其分别向左右移动，得到如图5.245所示的效果。

图5.244 设置图层不透明度后的效果   图5.245 复制图像并移动位置后的效果

| 提示 | 仔细观察两侧的竖立的矩形，发现上一步骤复制得到的花纹与侧面的花纹相重合，下面就来解决这个问题。

⑲ 选择"图层 6 副本"和"图层 6 副本 2"并拖动到"图层 2"下方，得到如图5.246所示的效果，"图层"面板状态如图5.247所示。

图5.246 调整图层顺序后的效果   图5.247 "图层"面板

213

⑳ 设置前景色的颜色值为f3d7b0，选择横排文字工具 T，设置适当的字体字号，在"图层6"中的图像上方输入"芳茶冠六清 溢味播九州"，得到相应的文本图层，其效果如图5.248所示。

㉑ 打开随书所附光盘中的文件"第5章\5.6-素材6.psd"，使用移动工具 ▶⊕ 将其拖动到上一步输入的文字中央，得到"图层 7"，按Ctrl+T键调出自由变换控制框，按Shift键将其缩小，按Enter键确认变换操作，得到如图5.249所示的效果。

图5.248 输入相关文字

图5.249 调整素材图像

㉒ 设置前景色的颜色值为f3d7b0，单击锁定透明像素按钮 ⊠，按Alt+Delete键用前景色填充图层，得到如图5.250所示的效果。

㉓ 选择"图层 7"和"芳茶冠六清 溢味播九州"，将其拖动到创建新图层命令按钮 ▣ 上，并将其复制，得到"图层 7 副本"和"芳茶冠六清溢味播九州 副本"，使用移动工具 ▶⊕ 将其向下移动，得到如图5.251所示的效果。

图5.250 改变颜色后的效果

图5.251 复制并移动图像后的效果

㉔ 按Ctrl+;键隐藏辅助线，得到如图5.252所示的最终效果，"图层"面板状态如图5.253所示，图5.254所示为包装平面的应用效果。

▶ |提示|本节最终效果为随书所附光盘中的文件"第5章\5.6.psd"。

图5.252 包装平面图最终效果

图5.253 "图层"面板

图5.254 包装立体效果

> **技能总结** //

- 结合标尺及辅助线划分包装中的各个区域。
- 应用"投影"命令，制作图像的投影效果。
- 通过设置图层属性以混合图像。
- 使用形状工具绘制形状。
- 利用变换功能调整图像的大小、角度及位置。

|第6章|

影楼影像

6.1 婚纱照片设计

全国结婚产业调查统计中心2006年3月发布的《中国结婚产业发展调查报告》显示，我国最近5年来平均每年全国有811.36万对新人登记结婚，其中仅城镇新人在婚礼上的消费就达4183亿元人民币。

媒体所报道，每年婚庆市场有上千亿市场规模，在这上千亿的消费中，有相当部分是投到了婚纱照片上了，因为大多数新人会花几千元拍摄可能是一生一次的婚纱照片。

另据全国结婚产业调查中心2006年3月发布的《中国结婚产业发展调查报告》显示，中国约有45万家婚纱影楼、摄影公司、图片社和摄影工作室，相关行业的人员近500万，中国婚纱摄影业已成为当今最具前景的产业之一。

而作为婚纱摄影业的下游配套行业婚纱及写真照片设计市场，无疑也具有极其吸引人的市场前景。图6.1所示是几幅比较有代表性的婚纱写真作品。

图6.1 有代表性的婚纱写真作品

6.1.1 婚纱照片的特点

婚纱照片不同于个人写真照片，可以重复多次拍摄，对于许多新人而言，婚纱照与结婚一样是一生一次的，因此每一个人都在认真对待。他们希望在照片中体现自己最美好的一面，为自己的人生留下美妙的回忆，因此不难想像婚纱照片对于新人的重要性。

作为婚纱照片的后期设计人员，需要根据新人的照片进行设计与创意，以强化照片的效果，以最佳形式在相册中展现这些定格的瞬间。

6.1.2 婚纱照片设计的未来方向 ////////////////////////////////

影楼数码化的进程虽然并不长，但普及的速度之快、范围之广，却超出了许多人的想像，目前基本上98%以上的稍具规模的影楼都实现了数码化。

跟随影楼数码化进程的就是婚纱照片后期设计发展历程，从最初只是对照片进行修瑕疵、调整颜色，发展到中期如火如荼的套用模版，再到今天许多影楼开始自己设计特色模版，自己创新照片主题，可以说婚纱照片数码设计与制作行业发展迅速。

时至今日，完全照搬照套婚纱照片模版虽然已经不如04、05年普遍，但仍然在许多追求效率的小规模影楼中普遍存在，但可以预见的是婚纱照片未来的设计方向，一定是个性化、特色化的，那些对所有婚纱照片应用一套模版或几套模版的情况将不再存在。

6.1.3 数码婚纱照片的设计理念 ////////////////////////////////

虽然从本质上说，婚纱数码照片的设计仍然是平面设计的一种，但仍然与平面设计的其他设计领域，有太多的不同之处，例如，在数码婚纱照片出现之前，使用模版进行设计与制作是一件不可想像的事，而在数码婚纱照片设计领域我们不仅看到了这种现象的存在。

在数码婚纱照片设计领域中，摄影师与后期制作人员的相互配合非常重要，这一点与其他平面设计领域有所不同。摄影师在拍摄时就应该考虑到后期设计与制作的方方面面，这样的工作流程能够使后期制作更完美的体现摄影师的意图，也能够通过获得适合于后期制作的照片人物姿势与人物表情使后期制作更加轻松容易。

由于后期设计的主旨是通过艺术的表现形式，延伸摄影的竟境，挖掘照片的丰富内涵，因此从设计的本身来看，平面设计中的构图、颜色、文字编排等理论是完全适用的。但后期设计人员，应该更多的关注人物本身的特质，因此新人本身即是表现主体又是客户，这样的双重身份，将会使其提出高于其他设计领域设计要求的标准。

6.2 玫瑰情缘主题婚纱设计

❯ 基本信息 ////////////////////////////////

学习难度： ★★★

主要技术： 绘制形状、图层蒙版、混合模式、图层样式、调整图层

图层数量： 30

通道数量： 0

路径数量： 0

❯ 设计解析 ////////////////////////////////

本例是以玫瑰情缘为主题的婚纱设计作品。在制作的过程中，主要以制作画面中的人物图像核心内容。人物背后的心形图像与人物的手形相呼应，给人一种心心相印的感觉。另

219

外，花边相框及红色相框的制作也是本例要学习和掌握的重点。

设计流程解析

用图6.2所示的流程图对制作过程进行了示意，并在下面分别解析各个制作步骤。

       （a）心形   （b）主体人像   （c）其他元素

图6.2 设计流程示意图

| 心形 |

这是本例的婚纱写真作品中要表现的重点图像。首先，心形图像是在一条心形路径的基础上，配合了图层蒙版及混合模式功能，将一幅花朵素材图像中的进行隐藏，即得到了我们看到的心形花朵图像。

| 主体图像 |

对于花形中的人物，也需要做一些色彩及亮度上的调整。但需要特别注意的是，在调整时应尽量保留原照片中的细节，切不可只一味追求让人物更白更亮，而导致失去了大量的细节。

| 其他元素 |

在制作底部的几格小照片图像时，首先是结合素材图像及混合模式功能，将几幅素材合成得到一个精致的花框，然后在其中结合形状工具及图层样式制作出紫红色的矩形框，以便于在其中摆放图像。

值得一提的是，画面中的光晕散点图像，是结合画笔工具 ✐ 及"画笔"面板中的动态参数绘制得到的，以增加画面的梦幻效果。

操作步骤

① 按Ctrl+N键新建一个文件，在弹出的对话框中设置文件的大小为5.6英寸×4.1英寸，分辨率为220像素/英寸，背景色为白色，颜色模式为8位的RGB模式，单击"确定"命令按钮退出对话框。

② 打开随书所附光盘中的文件"第6章\6.2-素材1.psd"，按Shift键使用移动工具 ➤ 将其拖至上一步新建的文件中，得到的效果如图6.3所示，同时得到"图层1"。

▶ | 提示 | 下面利用图像，结合路径、图层蒙版以及图层属性等功能，制作背景图像。

③ 打开随书所附光盘中的文件"第6章\6.2-素材2.psd"，使用移动工具 ➤ 将其拖至上一

制作的文件中，得到"图层2"。按Ctrl+T键调出自由变换控制框，按Shift键向外拖动控制句柄以放大图像及移动位置，按Enter键确认操作。得到的效果如图6.4所示。

图6.3 拖入素材

图6.4 调整素材图像

④ 选择自定形状工具 ，并在其工具选项条中单击路径按钮 ，在画布中单击右键，在弹出的形状显示框中选择"红心形边框"，在画布中绘制如图6.5所示的路径。按Ctrl+Enter键将路径转换为选区，单击添加图层蒙版按钮 为"图层2"添加蒙版，得到的效果如图6.6所示。

图6.5 绘制心形路径

图6.6 隐藏心形以外的图像

⑤ 选择"窗口"→"蒙版"命令，以调出"蒙版"面板，设置如图6.7所示，得到如图6.8所示的效果。设置"图层2"的混合模式为"变暗"，以混合图像，得到的效果如图6.9所示。

⑥ 单击添加图层蒙版按钮 为"图层1"添加蒙版，设置前景色为黑色，选择画笔工具 ，在其工具选项条中设置适当的画笔大小及不透明度，在图层蒙版中进行涂抹，以将心形以外的图像隐藏起来，直至得到如图6.10所示的效果。

图6.7 "蒙版"面板

图6.8 设置"羽化"后的效果

图6.9 设置"变暗"后的效果

图6.10 隐藏多余的图像

> |**提示**| 至此，背景图像已制作完成。下面制作人物图像。

⑦ 打开随书所附光盘中的文件"第6章\6.2-
素材3.psd"，结合移动工具 ⊕ 及变换功
能，制作心形图像中的人物，如图6.11
所示，同时得到"图层3"。

⑧ 单击添加图层样式按钮 _fx_ ，在弹出的
菜单中选择"外发光"命令，设置弹出
的对话框（如图6.12所示），得到的效果
如图6.13所示。

图6.11 制作人物图像

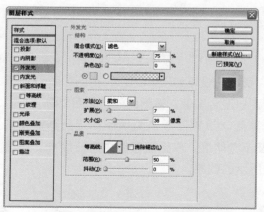

图6.12 "外发光"对话框

图6.13 制作发光效果

> |**提示**| 在"外发光"对话框中，颜色块的颜色值为f9e0f2。下面利用调整图层的功能调整
> 图像的亮度及对比度。

⑨ 单击创建新的填充或调整图层按钮 ⬤ ，在弹出的菜单中选择"曲线"命令，得到"曲
线1"，按Ctrl+Alt+G键执行"创建剪贴蒙版"操作，设置弹出的面板（如图6.14所
示），得到如图6.15所示的效果。

图6.14 "曲线"面板

图6.15 应用"曲线"后的效果

(10) 选择"曲线1"图层蒙版缩览图，按D键将前景色和背景色恢复为默认的黑、白色，按 Alt+Delete键用前景色填充蒙版，按X键交换前景色与背景色，选择画笔工具✏，在其 工具选项条中设置适当的画笔大小及不透明度，在图层蒙版中进行涂抹，以将部分暗调 效果显示出来，得到的效果如图6.16所示。

(11) 单击创建新的填充或调整图层按钮✐，在弹出的菜单中选择"亮度/对比度"命令，得 到"亮度/对比度1"，按Ctrl+Alt+G键执行"创建剪贴蒙版"操作，设置弹出的面板如 图6.17所示，得到如图6.18所示的效果。

图6.16 编辑蒙版后的效果　　图6.17 "亮度/对比度"面板 图6.18 应用"亮度/对比度"后的效果

(12) 单击创建新的填充或调整图层按钮✐，在弹出的菜单中选择"色相/饱和度"命令，得 到"色相/饱和度1"，设置弹出的面板（如图6.19所示），得到如图6.20所示的效果。 "图层"面板如图6.21所示。

图6.19 "色相/饱和度"面板

图6.20 调色后的效果

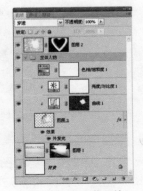

图6.21 "图层"面板

> **| 提示 |** 为了方便图层的管理，笔者在此将制作人物的图层选中，按Ctrl+G键执行了"图层编组"的操作，得到"组1"，并将其重命名为"主体人物"。在下面的操作中，笔者对各部分进行了编组的操作，在步骤中不再叙述。

⑬ 选择"图层 2"图层蒙版缩览图，按照第 ⑥ 步的操作方法应用画笔工具 ✎ 在蒙版中进行涂抹，以将女孩皮肤上的、男孩右臂上的花朵图像隐藏起来，得到的效果如图6.22所示。

> **| 提示 |** 至此，人物图像已制作完成。下面制作花边相框图像。

⑭ 打开随书所附光盘中的文件"第6章\6.2-素材4.psd"，按Shift键使用移动工具 ▶✦ 将其拖至上一步制作的文件中，得到"图层4"，设置此图层的混合模式为"差值"，以混合图像，得到的效果如图6.23所示。

图6.22 隐藏花朵图像

图6.23 制作花边图像

⑮ 复制"图层4"得到"图层4 副本"，利用自由变换控制框进行垂直翻转并向下移动位置，得到的效果如图6.24所示。按照第 ⑥ 步的操作方法分别为"图层4"和"图层4 副本"添加蒙版，以将顶边及底边不需要的图像隐藏起来，得到的效果如图6.25所示。

图6.24 复制及移动图像

图6.25 隐藏顶边及底边不需要的图像

⑯ 根据前面所介绍的操作方法，利用随书所附光盘中的文件"第6章\6.2-素材5.psd"，结合图层属性、复制图层以及图层蒙版等功能，制作两侧的花朵图像，如图6.26所示。"图层"面板如图6.27所示。

| 提示 | 本步骤中设置了"图层5"及其副本图层的混合模式为"差值"。下面制作红色相框图像。

图6.26 制作两侧的花朵图像

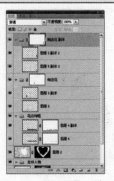

图6.27 "图层"面板

⑰ 设置前景色的颜色值为9e0870，选择圆角矩形工具 ▢，并在其工具选项条中单击形状图层按钮 ▢，并设置"半径"数值为5px，在花边相框的左侧绘制形状，如图6.28所示，同时得到"形状1"。

⑱ 在圆角矩形工具 ▢ 选项条中单击矩形工具按钮 ▢，并单击重叠形状区域除外按钮 ▢，在上一步得到的图像的内部绘制如图6.29所示的形状。

图6.28 绘制圆角形状

图6.29 绘制矩形形状

⑲ 复制"形状1"得到"形状1副本"，双击副本图层缩览图，在弹出的对话框中设置颜色值为c74899，然后利用自由变换控制框等比例缩小图像，隐藏路径后的效果如图6.30所示。

⑳ 单击添加图层样式按钮 fx，在弹出的菜单中选择"描边"命令，设置弹出的对话框（如图6.31所示），得到的效果如图6.32所示。

图6.30 制作内部的边框图像

图6.31 "描边"对话框

图6.32 制作描边效果

㉑ 选中"形状1"和"形状1副本",按Ctrl+Alt+E键执行"盖印"操作,从而将选中图层中的图像合并至一个新图层中,并将其重命名为"图层6"。使用移动工具 ►♦ 水平拖至花边相框的右侧,如图6.33所示。

㉒ 结合复制图层及移动工具 ►♦ 制作红色相框中间的两个相框图像,如图6.34所示。"图层"面板如图6.35所示。

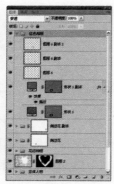

图6.33 盖印及移动图像　　　　　图6.34 制作其他红色相框　　　　图6.35 "图层"面板

▶ |提示| 至此,红色相框图像已制作完成。下面制作小照片、文字图像及装饰图像,完成制作。

㉓ 打开随书所附光盘中的文件"第6章\6.2-素材6.psd",按Shift键使用移动工具 ►♦ 将其拖至上一步制作的文件中,并将组"小照片"拖至组"花边相框"的下方,得到的效果如图6.36所示。如图6.37所示为单独显示本步骤的图像状态。

图6.36 拖入素材图像　　　　　　　　　图6.37 单独显示图像状态

▶ |提示| 本步骤笔者是以组的形式给出素材的,由于其操作非常简单,在叙述上略显繁琐,读者可以参考最终效果源文件进行参数设置,展开组即可观看到操作的过程。

㉔ 在所有图层上方新建"图层7",设置前景色为白色,打开随书所附光盘中的文件"第6章\6.2-素材7.abr",选择画笔工具 ✐,在画布中单击右键并在弹出的画笔显示框中选择刚刚打开的画笔,在画布中进行涂抹,直至得到类似如图6.38所示的最终效果,"图层"面板如图6.39所示。

图6.38 最终效果

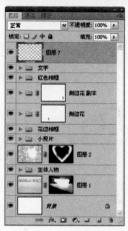

图6.39 "图层"面板

> |提示| 本节最终效果为随书所附光盘中的文件"第6章\6.2.psd"。

⟩技能总结 ///////////////////////////////

- 通过添加图层蒙版隐藏不需要的图像。
- 应用图层样式功能制作图像的发光、描边等效果。
- 应用调整图层功能调整图像的亮度、色彩等属性。
- 通过设置图层的属性混合图像。
- 应用形状工具绘制形状。
- 应用"盖印"命令合并可见图层中的图像。

6.3 情牵桃花源主题婚纱设计

⟩基本信息 ///////////////////////////////

学习难度： ★★★

主要技术： 画笔绘图、图层蒙版、绘制路径、渐变填充、画笔绘图、调整图层

图层数量： 22

通道数量： 0

路径数量： 2

⟩设计解析 ///////////////////////////////

本例是以情牵桃花源为主题的婚纱设计作品。在制作的过程中，主要以处理左侧的人物以及渐变线条图像为核心内容。另外，右侧的装饰彩点、白点以及线条后方的透明人物也起

着很好的装饰作用，美化了作品。

❯ 设计流程解析

用图6.40所示的流程图对制作过程进行了示意，并在下面分别解析各个制作步骤。

(a) 人物与玫瑰　　　　　　(b) 渐变线　　　　　　(c) 装饰图像

图6.40 设计流程示意图

| 人物与玫瑰 |

在制作人物图像时，主要是利用图层蒙版功能隐藏掉部分人物图像，使之与背景融合在一起；至于前景中的玫瑰花图像，设计师使用一些气泡图像将其包围起来，使整体的感觉更加梦幻并富于浪漫气息。

| 渐变线 |

这是置于画面右侧的装饰图像，在制作该图像时，主要是结合绘制路径与填充渐变功能，再使用图层蒙版隐藏掉一些多余的内容，即可得到类似的图像效果。

| 装饰图像 |

作为一幅婚纱写真作品，必不可少的会用到各种装饰图像，比如花朵、其他造型的人物照片、戒指等实物照片，还有艺术文字以及散点等元素。前者主要是使用各种照片进行合成，而后面则根据处理对象的不同，用到的技术也完全不同。比如在处理艺术文字时，通常是使用钢笔工具 ，及相关的编辑工具，如果是绘制散点图像，则可以使用画笔工具 ，及"画笔"面板中的动态参数。

❯ 操作步骤

① 打开随书所附光盘中的文件"第6章\6.3-素材1.psd"，如图6.41所示，将其作为本例的背景图像。

▶ |提示|下面利用素材图像，结合图层蒙版、渐变工具以及调整图层等功能，制作人物图像。

② 打开随书所附光盘中的文件"第6章\6.3-素材2.psd"，使用移动工具 将其拖至上一步打开的文件中，得到"图层1"。按Ctrl+T键调出自由变换控制框，按Shift键向内拖动控制句柄以缩小图像及移动位置，按Enter键确认操作。得到的效果如图6.42所示。

图6.41 素材图像　　　　　　　　　　　图6.42 调整素材图像

③ 单击添加图层蒙版按钮  为"图层1"添加蒙版，设置前景色为黑色，选择渐变工具，并在其工具选项条中单击线性渐变工具 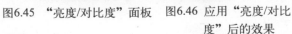，单击渐变显示框，在弹出的"渐变编辑器"对话框中设置渐变类型为"前景色到透明渐变"，然后分别从女孩的右下方至左上方、右上方至左下方以及画布的左侧向右绘制渐变，得到的效果如图6.43所示，此时蒙版中的状态如图6.44所示。

图6.43 隐藏边缘图像　　　　　　　　　　图6.44 蒙版中的状态

④ 单击创建新的填充或调整图层按钮 ，在弹出的菜单中选择"亮度/对比度"命令，得到"亮度/对比度1"，按Ctrl+Alt+G键执行"创建剪贴蒙版"操作，设置弹出的面板（如图6.45所示），得到如图6.46所示的效果。"图层"面板如图6.47所示。

图6.45 "亮度/对比度"面板　图6.46 应用"亮度/对比度"后的效果　　　　图6.47 "图层"面板

| 提示 | 为了方便图层的管理，笔者在此将制作人物的图层选中，按Ctrl+G键执行了"图层编组"操作，得到"组1"，并将其重命名为"人物"。在下面的操作中，笔者也对各部分进行了编组的操作，在步骤中不再叙述。下面制作玫瑰花及气泡图像。

⑤ 利用随书所附光盘中的文件"第6章\6.3-素材3.psd",结合移动工具 ▶⊕ 及变换功能,制作人物下方的玫瑰花图像,如图6.48所示,同时得到图层"玫瑰花"。

⑥ 新建"图层2",设置前景色为白色,打开随书所附光盘中的文件"第6章\6.3-素材4.abr",选择画笔工具 ✐,在画布中单击右键并在弹出的画笔显示框中选择刚刚打开的画笔,并在画笔工具 ✐选项条中设置画笔大小为240px,在左下角的玫瑰花图像上单击,得到的效果如图6.49所示。

图6.48 制作玫瑰花图像　　图6.49 制作气泡图像

⑦ 接着,应用上一步打开的画笔,分别设置不同的画笔大小,在另外两朵玫瑰花附近制作气泡图像,如图6.50所示。

> |提示|至此,玫瑰花及气泡图像已制作完成。下面制作装饰图像。

⑧ 选择"背景"图层作为当前的工作层,利用随书所附光盘中的文件"第6章\6.3-素材5.psd",结合移动工具 ▶⊕ 及变换功能,制作左上角的大玫瑰花图像,如图6.51所示,同时得到"图层3"。

⑨ 设置"图层3"的混合模式为"正片叠底",以混合图像,得到的效果如图6.52所示。

图6.50 制作其他气泡图像　　图6.51 制作大玫瑰花图像　　图6.52 设置混合模式后的效果

⑩ 选择钢笔工具 ◊,在工具选项条上单击路径按钮 ▨,在画布的右侧绘制如图6.53所示的路径。单击创建新的填充或调整图层按钮 ◐,在弹出的菜单中选择"渐变"命令,设置弹出的对话框(如图6.54所示),单击"确定"按钮退出对话框,隐藏路径后的效果如图6.55所示,同时得到"渐变填充1"。

图6.53 在画布的右侧绘制路径

| 提示 | 在"渐变填充"对话框中，渐变类型为"从ffdcc5到c40058"。

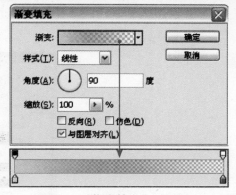

图6.54 "渐变填充"对话框　　　　图6.55 应用"渐变填充"后的效果

⑪ 单击添加图层蒙版按钮 🔳 为"渐变填充1"添加蒙版，设置前景色为黑色，按照第③步的操作方法设置渐变类型为"前景色到透明渐变"，从上一步得到的图像的上方至下方绘制渐变，得到的效果如图6.56所示。

⑫ 复制"渐变填充1"得到"渐变填充1副本"，使用移动工具 ➡ 调整图像的位置，得到的效果如图6.57所示。新建"图层4"，按Ctrl+Alt+G键执行"创建剪贴蒙版"操作，设置前景色为fcc2e6，按Alt+Delete键用前景色填充当前图层，得到的效果如图6.58所示。

图6.56 添加图层蒙版后的效果　　　　图6.57 复制及移动位置　　　　图6.58 填充后的效果

⑬ 按Alt键将"渐变填充1副本"拖至"图层4"上方得到"渐变填充1副本2"，按Shift键单击当前副本图层蒙版缩览图以停用图层蒙版，利用自由变换控制框调整图像的角度（6°左右）及位置，得到的效果如图6.59所示。

⑭ 单击"渐变填充1副本2"图层蒙版缩览图以启用图层蒙版，设置前景色为白色，按Alt+Delete键用前景色填充当前蒙版，按照第⑪步的操作方法，重新编辑当前蒙版，以将左侧的图像隐藏起来，得到的效果如图6.60所示。

图6.59 复制及调整图像　　　　图6.60 隐藏左侧的图像

⑮ 设置"渐变填充1副本2"的不透明度为40%，以降低图像的透明度，得到的效果如图6.61所示。"图层"面板如图6.62所示。

图6.61 设置不透明度后的效果

图6.62 "图层"面板

> |提示| 至此，小渐变线已制作完成。下面制作大渐变线及线上的彩点图像。

⑯ 按Alt键将组"小渐变线"拖至下方，得到"小渐变线 副本"，结合编辑蒙版、变换以及设置图层属性的功能，制作小渐变线左侧的大渐变线图像，如图6.63所示。"图层"面板如图6.64所示。

⑰ 选择组"小渐变线"，新建"图层5"，设置前景色为fb4781，背景色为bb02ff，打开随书所附光盘中的文件"第6章\6.3-素材6.abr"，选择画笔工具✐，在画布中单击右键并在弹出的画笔显示框中选择刚刚打开的画笔，在渐变线上涂抹，直至得到如图6.65所示的效果。

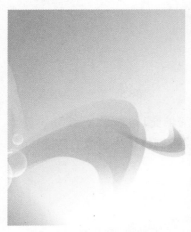

图6.63 制作大渐变线图像

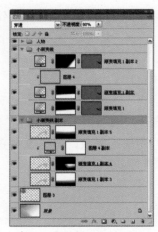

图6.64 "图层"面板

图6.65 制作彩点图像

> |提示| 本步骤中设置了组"小渐变线 副本"的不透明度为80%。下面制作透明人物、文字及白点图像，完成制作。

⑱ 打开随书所附光盘中的文件"第6章\6.3-素材7.psd"，按Shift键使用移动工具▸⊕将其拖至上一步制作的文件中，并将组"后面透明人物"拖至"背景"图层上方，得到的最终效果如图6.66所示。"图层"面板如图6.67所示。

图6.66 最终效果　　　　　　　　　　图6.67 "图层"面板

| 提示 | 本步骤笔者是以组的形式给出素材的，由于其操作非常简单，在叙述上略显繁琐，读者可以参考最终效果源文件进行参数设置，展开组即可观看到操作的过程。另外，在制作白点图像时应用的画笔素材为随书所附光盘中的文件"第6章\6.3-素材8.abr"。

| 提示 | 本节最终效果为随书所附光盘中的文件"第6章\6.3.psd"。

▶ 技能总结

- 通过添加图层蒙版隐藏不需要的图像。
- 应用"亮度/对比度"调整图层功能调整图像的亮度及对比度。
- 利用剪贴蒙版功能限制图像的显示范围。
- 结合画笔工具 及画笔素材制作特殊的图像。
- 通过设置图层的属性以混合图像。
- 结合路径及渐变填充图层功能制作渐变图像。

6.4 伊人美眷主题个人写真设计

▶ 基本信息

学习难度： ★★★

主要技术： 剪贴蒙版、图层样式、画笔绘图、图层蒙版、绘制路径、调整图层

图层数量： 37

通道数量： 1

路径数量： 3

设计解析

本例是以伊人美眷为主题的写真设计作品。在制作的过程中，主要以处理底弧图像以及画面中各种类型的人物图像为核心内容。在色彩方面，主要以淡黄色为主色调，与背景中的两条黑色边框形成鲜明的对比，突出主题。

设计流程解析

用图6.68所示的流程图对制作过程进行了示意，并在下面分别解析各个制作步骤。

(a) 弧形图像　　　　　　　　(b) 人物图像　　　　　　　　(c) 装饰图像

图6.68 设计流程示意图

| 弧形图像 |

此处的弧形图像是本例制作的重点，在制作时，先使用绘制形状及图层样式功能制作得到底部的弧形，使其带有内外发光的效果；然后再配合特殊画笔与"画笔"面板中的动态参数，绘制得到大量散点状的枫叶及光晕等图像，整体看来极具梦幻与浪漫的气息，具有极强的装饰作用。

| 人物图像 |

作为一款个人写真作品，在摆放人物照片时，比较常见的就是以1~3幅较大的人像照片作为主体，然后配合整体的构图安排及丰富的花样边框，在其中摆放一些较小的照片图像，起到装饰及丰富整体构图的作用。

在本例中，就是在顶部的横向区域摆放了三幅主体图像，然后配合花形边框，在右侧略有空白的区域摆放了几个装饰照片，在制作过程中，将结合剪贴蒙版、图层蒙版及调整图层等功能对它们进行融合处理。

| 装饰图像 |

写真类作品中，最常见的装饰图像之一就是主题文字，通常是使用形状编辑功能，对文字进行艺术化的形态处理，这也是整个作品中较为具有亮点的地方。在本例中，除了艺术形态的文字外，还添加了一些图形及文字作为整体的装饰，使整个版面更加完整、丰富。

操作步骤

① 打开随书所附光盘中的文件"第6章\6.4-素材1.psd"，如图6.69所示，将其作为本例的背景图像。

> |提示|本步骤笔者是以组的形式给出素材的，由于其操作非常简单，在叙述上略显繁琐，读者可以
> 参考最终效果源文件进行参数设置，展开组即可观看到操作的过程。下面制作背景中的装饰图像。

② 打开随书所附光盘中的文件"第6章\6.4-素材2.psd"，使用移动工具 将其拖至上一步
打开的文件中，并置于两条黑线间的左侧，如图6.70所示，同时得到"图层1"。

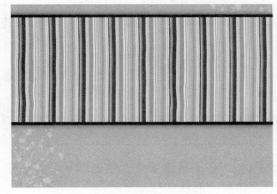

图6.69 素材图像

图6.70 摆放素材图像

③ 新建"图层2"，设置前景色为白色，打开随书所附光盘中的文件"第6章\6.4-素材
3.abr"，选择画笔工具 ，在画布中单击右键在弹出的画笔显示框中选择刚刚打开的画
笔，然后在工具选项条中设置画笔大小为"70px"，在画布的左上方进行涂抹，得到的
效果如图6.71所示。

④ 选中"图层1"和"图层2"，按Ctrl+G键将选中的图层编组，得到"组1"，并将其重
命名为"修饰背景"。设置此组的混合模式为"点光"，以混合图像，得到的效果如图
6.72所示。

图6.71 涂抹后的效果

图6.72 设置"点光"后的效果

> |提示| 为了方便图层的管理，笔者在此将制作修饰背景的图层执行了"图层编组"的操
> 作，在下面的操作中，笔者也对各部分进行了编组的操作，在步骤中不再叙述。

⑤ 单击添加图层蒙版按钮 为组"修饰背景"添加蒙版，设置前景色为黑色，选择画笔
工具 ，在其工具选项条中设置适当的画笔大小及不透明度，在图层蒙版中进行涂抹，
以将部分图像隐藏起来，直至得到如图6.73所示的效果。"图层"面板如图6.74所示。

图6.73 添加图层蒙版后的效果

图6.74 "图层"面板

▶ |提示| 至此，修饰图像已制作完成。下面制作底弧图像。

⑥ 设置前景色的颜色值为b77d00，选择钢笔工具 ✎，在工具选项条上单击形状图层按钮 ▣，在画布的右下方绘制如图6.75所示的形状，得到"形状1"。

⑦ 打开随书所附光盘中的文件"第6章\6.4-素材4.asl"，选择"窗口"→"样式"命令，以显式"样式"面板，在样式显示框中选择刚刚打开的样式（一般在显示框的最后一个）为"形状1"应用样式，得到的效果如图6.76所示。

图6.75 在画布的右下方绘制形状

图6.76 应用图层样式后的效果

⑧ 选择钢笔工具 ✎，在工具选项条上单击路径按钮 ▨，在画布的左下角绘制如图6.77所示的路径。新建"图层3"，设置前景色的颜色值为白色，打开随书所附光盘中的文件"第6章\6.4-素材5.abr"，选择画笔工具 ✐，并选择刚刚打开的画笔，在工具选项条中设置画笔大小为20px，切换至"路径"面板，单击用画笔描边路径命令按钮 ◯，隐藏路径后的效果如图6.78所示。

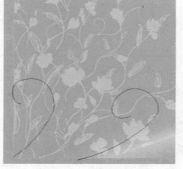

图6.77 在左下角绘制路径

图6.78 描边后的效果

⑨ 切换回"图层"面板，按照第③步的操作方法，利用随书所附光盘中的文件"第6章\6.4-素材6"文件夹中的画笔，制作画布下方的星星及飘散的枫叶图像，如图6.79所示。"图层"面板如图6.80所示。

图6.79 制作星星及枫叶图像

图6.80 "图层"面板

> |提示| 本步骤关于图像的颜色值、应用的画笔以及画笔大小在图层名称上有相应的文字信息。下面制作主题人物图像。

⑩ 打开随书所附光盘中的文件"第6章\6.4-素材7.psd"，使用移动工具 ➕ 将其拖至上一步制作的文件中，并置于两条黑线间的中间位置，如图6.81所示，同时得到"图层4"。

⑪ 单击创建新的填充或调整图层按钮 ⬤，在弹出的菜单中选择"亮度/对比度"命令，得到"亮度/对比度1"，按Ctrl+Alt+G键执行"创建剪贴蒙版"操作，设置弹出的面板（如图6.82所示），得到如图6.83所示的效果。

图6.81 摆放素材图像

图6.82 "亮度/对比度"面板

⑫ 根据前面所介绍的操作方法，利用随书所附光盘中的文件"第6章\6.4-素材8.psd"，结合图层蒙版以及调整图层等功能，制作主题人物左侧的人物图像，如图6.84所示。"图层"面板如图6.85所示。

图6.83 应用"亮度/对比度"后的效果

图6.84 制作左侧的人物图像

> | 提示 | 本步骤中关于调整图层面板中的参数设置请参考最终效果源文件。在下面的操作中，会多次应用到调整图层的功能，笔者不再做相关参数的提示。下面制作圈圈图像。

⑬ 设置前景色的颜色值为黑色，选择椭圆工具 ⬭，在工具选项条上单击形状图层按钮 ⬜，在主题人物的右侧绘制如图6.86所示的形状，得到"形状2"。按照第 ⑦ 步的操作方法，打开随书所附光盘中的文件"第6章\6.4-素材9.asl"并为"形状2"应用图层样式，得到的效果如图6.87所示。

图6.85 "图层"面板

图6.86 绘制圆形形状

⑭ 按Alt键将"图层5"拖至"形状2"上方得到"图层5副本"，按Ctrl+Alt+G键执行"创建剪贴蒙版"操作，按Ctrl+T键调出自由变换控制框，按Shift键向内拖动控制句柄以缩小图像及移动位置，按Enter键确认操作，得到的效果如图6.88所示。

图6.87 应用图层样式后的效果

图6.88 制作圆形图像内人物图像

⑮ 设置前景色的颜色值为白色，选择自定形状工具 ⬚，在其工具选项条中单击形状图层按钮 ⬜，在画布中单击右键并在弹出的形状显示框中单击选择"花6"，在主题人物的右侧绘制花形形状，然后在工具选项条中单击添加到形状区域按钮 ⬚，继续绘制另外两个花形形状，如图6.89所示，同时得到"形状3"。

> | 提示 | 在默认情况下，Photoshop的形状并不包括刚刚使用的形状，我们可以单击形状选择框右上角的三角按钮 ⬤，在弹出的菜单中选择"全部"命令，然后在弹出的提示框中单击"确定"按钮，从而将所有Photoshop自带的形状载入进来，同时我们就可以在其中找到刚刚所使用的形状了。

⑯ 单击添加图层样式按钮 ⬛，在弹出的菜单中选择"描边"命令，设置弹出的对话框（如图6.90所示），得到的效果如图6.91所示。

图6.89 绘制花形形状　　　　　图6.90 "描边"对话框　　　　　图6.91 制作描边效果

▶ |提示| 在"描边"对话框中，颜色块的颜色值为ff9e54。

⑰ 根据前面所介绍的操作方法，利用随书所附光盘中的文件"第6章\6.4-素材10.psd"和
"第6章\6.4-素材11.psd"，结合剪贴蒙版、图层蒙版、复制图层以及调整图层等功能，
制作圈圈内的人物图像，如图6.92所示。"图层"面板如图6.93所示。

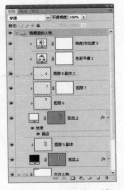

图6.92 制作花形内的人物图像　　　　　　　　　图6.93 "图层"面板

▶ |提示| 至此，圈内的人物图像已制作完成。下面制作最右侧的人物图像。

⑱ 选择组"左边人物"，再次利用随书所附光盘中
的文件"第6章\6.4-素材8.psd"，结合移动工具
➤₊、变换、图层蒙版以及调整图层的功能，制
作最右侧的人物图像，如图6.94所示，同时得到
"图层8"和"亮度/对比度4"。

▶ |提示| 下面调整整体图像的对比度，以及制作画
布下方的文字图像，完成制作。

图6.94 制作右侧的人物图像

⑲ 选择组"圆圈里的人物"，单击创建新的填充或调整图层按钮 ◑.，在弹出的菜单中选
择"亮度/对比度"命令，得到"亮度/对比度5"，设置弹出的面板（如图6.95所示），
得到如图6.96所示的效果。

图6.95 "亮度/对比度"面板

图6.96 应用"亮度/对比度"后的效果

⑳ 打开随书所附光盘中的文件"第6章\6.4-素材12.psd"，按Shift键使用移动工具 ▶ 将其拖至上一步制作的文件中，得到的最终效果如图6.97所示。"图层"面板如图6.98所示。

图6.97 最终效果

图6.98 "图层"面板

> |**提示**|本节最终效果为随书所附光盘中的文件"第6章\6.4.psd"。

〉技能总结 //

- 结合画笔工具 ✐ 及画笔素材制作特殊的图像。
- 通过设置图层的属性以混合图像。
- 通过添加图层蒙版隐藏不需要的图像。
- 应用形状工具绘制形状。
- 应用图层样式功能，制作图像的立体、描边等效果。
- 利用剪贴蒙版功能限制图像的显示范围。
- 利用调整图层功能调整图像的亮度、色彩等属性。

|第7章|

操作界面

7.1 界面设计

7.1.1 界面设计概述

　　随着我国电子制造业、软件业水平的飞速发展，以电脑、手机、软件为代表的软硬件不再以功能够用为标准，而是将竞争的重点放到了是否能够给用户提供更好的使用体验。

　　华丽、美观的界面成为这一轮竞争的重点，国内一些高瞻远瞩的企业已经开始意识到界面设计给软件产品带来的巨大卖点，例如金山公司的影霸、词霸、毒霸均有不错的界面设计。联想软件的界面设计部门积极开展用户研究与使用性测试，将易用与美观相结合，推出了双模式电脑、幸福系列等成功界面设计范例，为联想赢得全球消费 PC 第三的称号。

　　除了传统的软件界面外，多媒体、课件、触摸屏、手机、PDA 等的界面对设计的需求也都一直在升温中，因此界面设计人员的需求数量开始急剧量上升。如图7.1所示为一些优秀的界面设计作品。

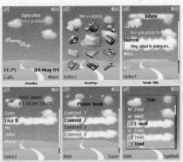

图7.1　界面设计作品

实际上界面设计在国外已经是一个较成熟的行业，而国内处于萌芽状态，由此，我们看到的许多界面设计作品往往没有非常深刻的内涵，仅仅是软件华丽的外衣。

这表明在国内对界面设计的理解还停留在美术设计方面，认为界面设计的工作只是描边画线，缺乏对用户交互的重要性的理解；另一方面，在软件开发过程中还存在重技术而不重应用的现象。许多商家认为软件产品的核心是技术，而界面设计仅仅是次要的辅助。

在此领域Photoshop也扮演着非常重要的角度，目前在界面设计领域90%以上的设计师正在使用此软件进行设计。

使用Photoshop能够轻松制作各类造型不同、质感各异的界面。当然，除此软件外，Illustrator、CorelDRAW也是比较好的选择。

7.1.2 网页界面设计

从广义的角度来看，网页界面设计也是界面设计一个分支设计领域。

由于网络技术的不断发展，已经有越来越多的网页设计开始朝着个性化、人性化方向发展，这些网页除了在视觉效果容易使人印象深刻之外，也更容易实现传统网页无法表现出来的感染力。图7.2展示了几个优秀的网页设计作品。

图7.2 网页界面设计作品示例

由于网页中的图像大多需要进行特殊处理，加之静态网页的主体就是图像加文字，因此如何使用Photoshop进行影像合成、特效图像制作、文字编排，就需要每一个使用Photoshop从事网页设计工作的设计人员应该掌握的核心技能。

7.2 三维立体图标设计

> **基本信息**

学习难度：★★

主要技术：变换图像、图层样式、绘制路径、填充图层、图层属性、路径运算

图层数量：15

通道数量：1

路径数量：3

> **设计解析**

本例设计了一款具有三维立体效果的图标作品，在制作过程中，读者应着重掌握其制作原理，即模拟维度时的方法，以便于自行尝试制作得到其他同类的图标作品。

> **设计流程解析**

用图7.3所示的流程图对制作过程进行了示意，并在下面分别解析各个制作步骤。

(a) 立体效果   (b) 玻璃光泽   (c) 星光

图7.3 三维立体图标设计流程示意图

| 立体效果 |

在平面软件中模拟三维效果，本身就是对设计师在透视表现方面的考验，但在操作过程中，如果遵循一定的操作规律，就可以制作得到一个不错的三维效果。

例如在本例中，就是利用了变换功能调整图像的透视，使用连续变换并复制的方法模拟图标的厚度，再配合图层样式及不透明度等功能的设置，即可初步模拟得到基本的立体效果。使用该方法虽然并不能得到极为逼真的三维效果，但它却具有很强的通用性，即在针对其他的图形时，也完全可以套用本例的方法，制作得到类似的三维效果。

| 玻璃光泽 |

在本例中，光泽主要是用于表现图像的厚度，以加深整个图标的立体感。从制作的技术上而言，主要是利用了路径之间的运算，创建得到厚度区域的图形，然后再设置适当的不透明度即可。

|星光|

　　为了让整体的玻璃效果看起来更加晶莹，笔者结合绘制路径并使用渐变进行填充的方法，制作了十字形的星光，并将它不规则地分布在图标的各处。

➤操作步骤

① 按Ctrl＋N键新建一个文件，设置弹出的对话框（如图7.4所示），单击"确定"按钮退出对话框，从而新建一个文件。

② 单击创建新的填充或调整图层按钮，在弹出的菜单中选择"渐变"命令，设置弹出的对话框（如图7.5所示），得到如图7.6所示的效果，同时得到图层"渐变填充1"。

图7.4 "新建"对话框

图7.5 "渐变填充"对话框

图7.6 制作背景中的渐变效果

|提示| 在"渐变填充"对话框中，所使用的渐变的2个色标颜色值均为b2e3fe。下面绘制图标的基本形状。

③ 设置前景色的颜色值为497923，结合钢笔工具及椭圆工具，在其工具选项条上单击形状图层按钮，在画布中绘制如图7.7所示的形状，同时得到对应的图层"形状1"。

④ 按Ctrl＋T键调出自由变换控制框，向上拖动底部中间的控制句柄，将图像压扁，如图7.8所示，按Enter键确认变换操作。

图7.7 绘制图形

⑤ 在"形状1"的名称上单击右键，在弹出的菜单中选择"栅格化图层"命令，然后将其重命名为"图层1"。

⑥ 制作图标的厚度。复制"图层1"得到"图层1副本"，隐藏该副本图层以留在后面备用。选择"图层1"并按Ctrl键单击该图层的缩览图载入其选区。

⑦ 按Ctrl+Alt+T键调出自由变换并复制控制框，使用键盘上的光标键向上移动一次，按Enter键确认变换操作。连续按Ctrl+Alt+Shift+T键执行连续变换并复制操作多次，按Ctrl+D键取消选区，得到类似如图7.9所示的效果。

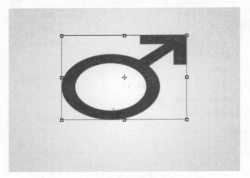

图7.8 变换图像

图7.9 连续变换并复制图像

⑧ 设置"图层1"的"填充"数值为0%，单击添加图层样式按钮 *fx.*，在弹出的菜单中选择"颜色叠加"命令，设置弹出的对话框（如图7.10所示），得到如图7.11所示的效果。

图7.10 "颜色叠加"对话框

图7.11 更改颜色后的效果

▶ |**提示**|*在"颜色叠加"对话框中，颜色块的颜色值为4ac1ff。*

⑨ 显示并选择"图层1副本"，设置其混合模式为"叠加"，不透明度为80%，得到如图7.12所示的效果。

⑩ 单击添加图层样式按钮 *fx.*，在弹出的菜单中选择"描边"命令，设置弹出的对话框（如图7.13所示），得到如图7.14所示的效果。

图7.12 设置图层属性后的效果

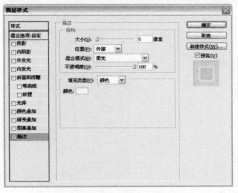

图7.13 "描边"对话框

图7.14 制作描边后的效果

⑪ 复制"图层1副本"得到"图层1副本2"，删除该图层的"描边"图层样式，然后将其置于"图层1副本"的下方。使用移动工具 ►+ 按住Shift键向下拖动图像至如图7.15所示的位置。

⑫ 单击添加图层样式按钮 $fx_.$，在弹出的菜单中选择"颜色叠加"命令，设置弹出的对话框（如图7.16所示），得到如图7.17所示的效果。

图7.15 向下复制图像

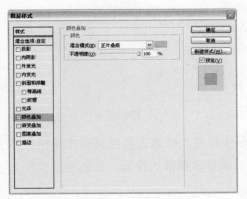

图7.16 "图层样式"对话框

图7.17 叠加颜色后的效果

▶ |提示| 在"颜色叠加"对话框中，颜色块的颜色值为00f5ff。

⑬ 复制"图层1副本2"得到"图层1副本3"，并将其置于"图层1副本2"的下方，设置其不透明度为100%。选择"滤镜"→"模糊"→"高斯模糊"命令，在弹出的对话框中设置"半径"数值为10，单击"确定"按钮退出对话框，得到如图7.18所示的效果，此时的"图层"面板如图7.19所示。

▶ |提示| 至此，我们已经完成了对图标立体感的基本处理，下面增加其表现的光泽，使其看起来更具有质感。

图7.18 模糊后的效果

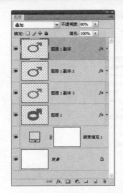

图7.19 "图层"面板

⑭ 设置前景色为白色，选择矩形工具■，并在其工具选项条上单击形状图层按钮□，然后在画布中绘制矩形，如图7.20所示，同时得到图层"形状1"。

> **提示** 在绘制第1个矩形后就会得到"形状1"，此时应在工具选项条上单击添加到形状区域按钮□，再继续绘制第2个矩形。

⑮ 选择"形状1"的矢量蒙版，选择椭圆工具○并在其工具选项条上单击从形状区域减去按钮□，然后在画布中绘制一个如图7.21所示的椭圆，以减去超出图标厚度的图形。

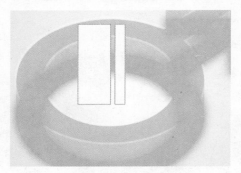

图7.20 绘制矩形

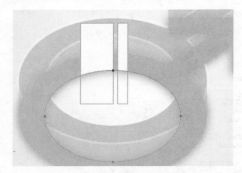

图7.21 绘制椭圆

⑯ 使用路径选择工具▶，按住Alt键向左上方复制上一步绘制的椭圆，得到其副本路径，并在工具选项条上单击交叉形状区域按钮□，再适当调整该椭圆的位置，直至得到类似如图7.22所示的效果。

⑰ 设置"形状1"的不透明度为30%，得到如图7.23所示的效果。

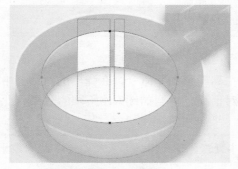

图7.22 绘制椭圆路径

图7.23 设置不透明度后的效果

⑱ 按照上述方法，分别制作图标底部厚度及右上方箭头上的高光，并配合图层蒙版功能隐藏多余的图像，直至得到如图7.24和图7.25所示的效果，此时的"图层"面板如图7.26所示。

> | 提示 | 至此，我们已经基本完成了整个图标的制作，为了让图标看起来更加的晶莹，下面制作其表面的星光。

图7.24 制作其他的高光图像1

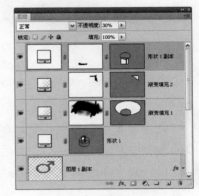

图7.26 "图层"面板

图7.25 制作其他的高光图像2

⑲ 切换至"路径"面板并新建一个路径得到"路径1"，选择矩形工具 ▢ ，并在其工具选项条上单击路径按钮 ▨ ，然后在图标的左下方绘制矩形路径，如图7.27所示。

⑳ 单击创建新的填充或调整图层按钮 ◑ ，在弹出的菜单中选择"渐变"命令，设置弹出的对话框（如图7.28所示），得到如图7.29所示的效果，同时得到图层"渐变填充3"。

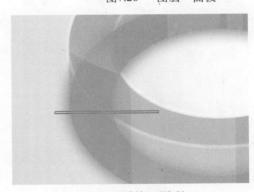

图7.27 绘制矩形路径

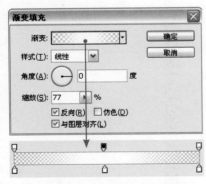

图7.28 "渐变填充"对话框

图7.29 应用"渐变填充"后的效果

㉑ 设置"渐变填充3"的不透明度为70%，得到如图7.30所示的效果。

㉒ 复制"渐变填充3"得到"渐变填充3副本"，按Ctrl＋T键调出自由变换控制框，将光标置于控制框的外围，然后按住Shift键对图像进行旋转约90°的操作，按Enter键确认变换操作，得到如图7.31所示的效果。

图7.30 设置不透明度后的效果

图7.31 复制并旋转后的效果

㉓ 选择"渐变填充3"和"渐变填充3副本"，按Ctrl＋Alt＋E键执行"盖印"操作，从而将当前选中图层中的图像合并至新图层中，并将该图层重命名为"图层2"。

㉔ 复制"图层2"多次，然后分别将图像移动到图标的其他位置，并设置适当的不透明度，直至得到如图7.32所示的效果，此时的"图层"面板如图7.33所示。

图7.32 最终效果

图7.33 "图层"面板

▶ |提示|本节最终效果为随书所附光盘中的文件"第7章\7.2.psd"。

〉技能总结

● 使用钢笔工具 ✎ 绘制并编辑图形。
● 使用变换功能改变图像的大小。
● 使用变换功能变换并复制图像。
● 使用图层样式功能为图形叠加色彩。
● 使用路径运算功能制作特殊图形。

7.3 龙虎斗游戏网站页面设计

❯ 基本信息

学习难度：★★★

主要技术：调整图层、剪贴蒙版、图层蒙版、调整图层、图层样式

图层数量：43

通道数量：0

路径数量：0

❯ 设计解析

本例是以龙虎斗为主题的游戏界面设计作品。在制作的过程中，主要以制作界面中的广告牌以及主题文字为核心内容。焦黄、破损的广告牌激起人们好斗的情绪，带血的主题文字进一步将人物引向大战场面，让人有种跃跃一试的冲动。

❯ 设计流程解析

用图7.34所示的流程图对制作过程进行了示意，并在下面分别解析各个制作步骤。

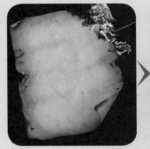　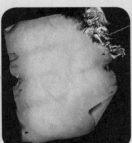　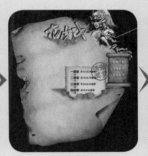　

（a）背景　　　　　　（b）火焰边缘　　　　　（c）插角图像　　　　　（d）文字编排

图7.34 设计流程示意图

| 背景 |

本例的背景较为简单，主要是两幅图像之间的叠加与构图摆放，另外，由于旧纸图像用于后面承载所有的页面信息，所以在空间上一定要安排得大一些，然后结合调整图层功能对它们的色彩做适当地调整即可。

| 火焰边缘 |

火焰是战争、争斗类游戏类作品中最常用的元素，在本例中，就是将火焰图像融合在旧纸右上角的位置，使其具有燃烧起来的效果。在制作时，结合图层蒙版及混合模式等功能，将火焰素材融合在旧纸的右上角即可。

|插角图像|_____

在本次设计的网页页面中，比较有特色的地方就是旧纸上的两种插角图像。其制作方法也比较简单，我们可以复制旧纸图像并对其进行变换处理，使其边缘具有插角的效果，再利用蒙版功能隐藏多余的图像即可。通过这样的处理，可以在浏览时给人以特殊的视觉效果，从而达到重点宣传该区域中所载内容的目的。

|文字编排|_____

在本页面中，由于文字内容较多，因此在编排上显得有些拥挤，但由于前面的插角图像以及在标题文字上加入特殊的装饰图形，使得整体的结构依然能够保持清楚且便于阅读。

在制作过程中，最顶部的标题图像可以结合图层蒙版及特殊画笔等功能，制作得到其表面的斑驳效果。

❯操作步骤 ///

① 按Ctrl+N键新建一个文件，设置弹出的对话框（如图7.35所示），单击"确定"按钮退出对话框，以创建一个新的空白文件。设置前景色为黑色，按Alt+Delete键用前景色填充"背景"图层。

> |**提示**| 下面利用素材图像，结合变换、"色阶"以及"色彩平衡"调整图层的功能，制作背景中的人物图像。

② 打开随书所附光盘中的文件"第7章\7.3-素材1.PSD"，使用移动工具▶₊将其拖至上一步新建的文件中，得到"图层1"。按Ctrl+T键调出自由变换控制框，顺时针旋转7°左右及移动位置，按Enter键确认操作。得到的效果如图7.36所示。

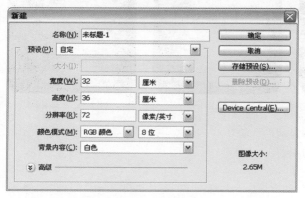

图7.35 "新建"对话框

图7.36 调整素材图像

③ 单击创建新的填充或调整图层按钮 ，在弹出的菜单中选择"色阶"命令，得到图层"色阶1"，按Ctrl+Alt+G键执行"创建剪贴蒙版"操作，设置弹出的面板（如图7.37所示），得到如图7.38所示的效果。

④ 单击创建新的填充或调整图层按钮 ，在弹出的菜单中选择"色彩平衡"命令，得到图层"色彩平衡1"，按Ctrl+Alt+G键执行"创建剪贴蒙版"操作，设置弹出的面板（如图7.39所示），得到如图7.40所示的效果。

  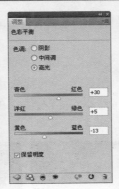 

图7.37 "色阶"面板 图7.38 应用"色阶"后的效果 图7.39 "色彩平衡"面板　　图7.40 调色后的效果

> |提示| 至此，人物图像已制作完成。下面制作广告牌图像。

⑤ 打开随书所附光盘中的文件"第7章\7.3-素材2.PSD"，使用移动工具 ⊹ 将其拖至上一步制作的文件中，得到"图层2"。利用自由变换控制框调整图像的大小、角度及位置，得到的效果如图7.41所示。

⑥ 单击添加图层蒙版按钮 ▣ 为"图层1"添加蒙版，设置前景色为黑色，选择画笔工具 ✐，在其工具选项条中设置适当的画笔大小及不透明度，在图层蒙版中进行涂抹，以将左侧及右下方多余的图像隐藏起来，直至得到如图7.42所示的效果。

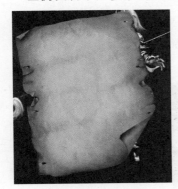 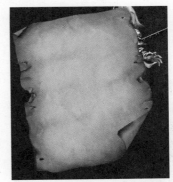

图7.41 调整素材图像　　　　　　　　　　　图7.42 隐藏右侧及右下方多余的图像

⑦ 单击添加图层蒙版按钮 ▣ 为"图层2"添加蒙版，设置前景色为黑色，打开随书所附光盘中的文件"第7章\7.3-素材3.abr"，选择画笔工具 ✐，在画布中单击右键并在弹出的画笔显示框选择刚刚打开的画笔，在蒙版中进行涂抹，以将右上角的图像隐藏起来，得到的效果如图7.43所示。

⑧ 单击创建新的填充或调整图层按钮 ◓，在弹出的菜单中选择"色相/饱和度"命令，得到图层"色相/饱和度1"，按Ctrl+Alt+G

图7.43 隐藏右上角的图像

键执行"创建剪贴蒙版"操作，设置弹出的面板（如图7.44所示），得到如图7.45所示的效果。

> **提示** 下面利用素材图像，结合图层蒙版以及图层属性等功能，制作广告牌右上角的层次感。

⑨ 打开随书所附光盘中的文件"第7章\7.3-素材4.PSD"，使用移动工具 ►₊ 将其拖至上一步制作的文件中，得到"图层3"。利用自由变换控制框调整图像的大小、角度及位置，得到的效果如图7.46所示。设置当前图层的混合模式为"叠加"，以混合图像，得到的效果如图7.47所示。

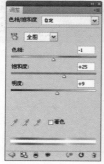
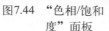
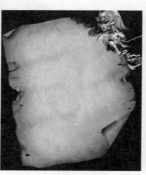

图7.44 "色相/饱和度"面板　　图7.45 调色后的效果　　图7.46 调整素材图像　　图7.47 设置"叠加"后的效果

⑩ 单击添加图层蒙版按钮 为"图层3"添加蒙版，设置前景色为黑色，选择画笔工具 ，在其工具选项条中设置适当的画笔大小及不透明度，在图层蒙版中进行涂抹，以将除右上角以外的图像隐藏起来，直至得到如图7.48所示的效果。

⑪ 复制"图层3"得到"图层3副本"，以加强图像的层次感及光感，如图7.49所示。"图层"面板如图7.50所示。

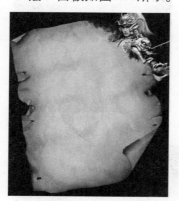
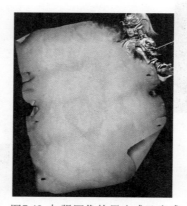
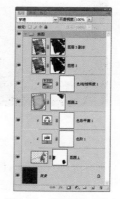

图7.48 隐藏除右上角以外的图像　　图7.49 加强图像的层次感及光感　　图7.50 "图层"面板

> **提示** 本步骤中为了方便图层的管理，在此将制作底图的图层选中，按Ctrl+G键执行"图层编组"操作得到"组1"，并将其重命名为"底图"。在下面的操作中，笔者也对各部分进行了编组的操作，在步骤中不再叙述。下面制作人物手中的卷轴图像。

⑫ 打开随书所附光盘中的文件"第7章\7.3-素材5.PSD"，使用移动工具 ►₊ 将其拖至上一步制作的文件中，得到"图层4"。利用自由变换控制框调整图像的大小及位置，得到的效果如图7.51所示。

⑬ 选择横排文字工具 T ，设置前景色的颜色值为f9f777，并在其工具选项条上设置适当的字体和字号，在卷轴图像中输入文字，如图7.52所示，并得到相应的文字图层"游戏下载 注册帐号 返回官网"。设置当前图层的混合模式为"叠加"，得到的效果如图7.53所示。

图7.51 调整素材图像

图7.52 输入文字

图7.53 设置"叠加"后的效果

⑭ 单击添加图层样式按钮 *fx* ，在弹出的菜单中选择"投影"命令，设置弹出的对话框（如图7.54所示），得到的效果如图7.55所示。

▶ |**提示**| 至此，卷轴图像已制作完成。下面制作主题文字图像。

⑮ 打开随书所附光盘中的文件"第7章\7.3-素材6.PSD"，使用移动工具 将其拖至上一步制作的文件中，并置于人物的左侧，如图7.56所示，同时得到"图层5"。

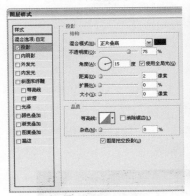

图7.54 "投影"对话框

图7.55 制作投影效果

图7.56 摆放文字图像

⑯ 按Alt键将"图层3"拖至"图层5"上方得到"图层3副本2"，选择副本图层蒙版缩览图，在弹出的菜单中选择"删除图层蒙版"命令，更改当前图层的混合模式为"颜色加深"，按Ctrl+Alt+G键执行"创建剪贴蒙版"操作，使用移动工具 调整图像的位置，得到的效果如图7.57所示。

⑰ 单击添加图层蒙版按钮 为"图层3副本2"添加蒙版，设置前景色为黑色，选择画笔工具 ，在其工具选项条中设置适当的画笔大小及不透明度，在图层蒙版中进行涂抹，以将左侧的大部分图像隐藏起来，直至得到如图7.58所示的效果。

图7.57 制作文字上的血图像

图7.58 隐藏左侧的大部分图像

> **提示** 下面制作主题文字下方的装饰图像。

⑱ 再次打开随书所附光盘中的文件"第7章\7.3-素材2.PSD",结合变换以及图层蒙版的功能,制作主题文字下方的装饰图像,如图7.59所示,同时得到"图层6"。

⑲ 单击创建新的填充或调整图层按钮 ,在弹出的菜单中选择"色相/饱和度"命令,得到图层"色相/饱和度2",按Ctrl+Alt+G键执行"创建剪贴蒙版"操作,设置弹出的面板(如图7.60所示),得到如图7.61所示的效果。

图7.59 调整素材图像

图7.60 "色相/饱和度"面板

⑳ 选中"图层6"和"色相/饱和度2",按Ctrl+Alt+E键执行"盖印"操作,从而将选中图层中的图像合并至一个新图层中,并将其重命名为"图层7"。利用自由变换控制框进行水平翻转、调整大小、角度及位置,得到的效果如图7.62所示。

图7.61 调色后的效果

图7.62 盖印及调整图像

㉑ 单击添加图层蒙版按钮 为"图层7"添加蒙版,设置前景色为黑色,选择画笔工具

，在其工具选项条中设置适当的画笔大小及不透明度，在图层蒙版中进行涂抹，以将左侧及右侧多余的图像隐藏起来，直至得到如图7.63所示的效果，此时蒙版中的状态如图7.64所示。"图层"面板如图7.65所示。

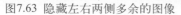

图7.63 隐藏左右两侧多余的图像

图7.64 蒙版中的状态

图7.65 "图层"面板

> |提示|至此，装饰图像已制作完成。下面制作活动奖赏板及详细文字说明。

㉒ 打开随书所附光盘中的文件"第7章\7.3-素材7.PSD"，按Shift键使用移动工具 ⊕ 将其拖至上一步制作的文件中，得到的效果如图7.66所示，同时得到组"活动奖赏板"和"详细说明"。

> |提示1|本步骤笔者是以组的形式给出素材的，由于其操作非常简单，在叙述上略显繁琐，读者可以参考最终效果源文件进行参数设置，展开组即可观看到操作的过程。另外，随书所附光盘中的文件"第7章\7.3-素材7.PSD"中所应用到的画笔可参考随书所附光盘中"第7章\7.3-素材8"文件夹中的相关文件。

图7.66 拖入素材7图像

> |提示2|下面利用"USM锐化"命令锐化图像的细节，完成制作。

㉓ 按Ctrl+Alt+Shift+E键执行"盖印"操作，从而将当前所有可见的图像合并至一个新图层中，得到"图层8"。选择"滤镜"→"锐化"→"USM锐化"命令，设置弹出的对话框（如图7.67所示），如图7.68所示为应用"USM锐化"命令前后效果对比。

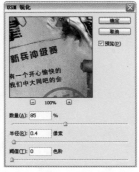

图7.67 "USM锐化"对话框

图7.68 效果对比

24 至此，完成本例的操作，最终整体效果如图7.69所示，"图层"面板如图7.70所示。

> |提示| 本节最终效果为随书所附光盘中的文件"第7章\7.3.psd"。

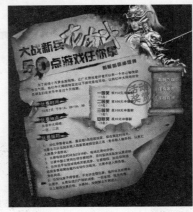

图7.69 最终效果

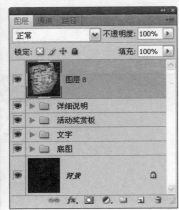

图7.70 "图层"面板

技能总结

- 应用调整图层功能，调整图像的亮度、色彩等属性。
- 利用剪贴蒙版功能限制图像的显示范围。
- 利用图层蒙版功能隐藏不需要的图像。
- 通过设置图层的属性以混合图像。
- 应用"描边"命令制作图像的投影效果。
- 应用"盖印"命令合并可见图层中的图像。
- 应用"USM锐化"命令锐化图像的细节。

7.4 皮革笔记本网页界面设计

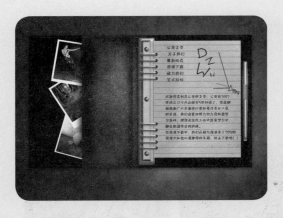

基本信息

学习难度：★★★★★

主要技术：滤镜、图层蒙版、画笔绘图、变换、图层样式

图层数量：35

通道数量：1

路径数量：2

设计解析

对于本例制作的笔记本图像，它是一个综合性的实例，例如笔记本的外封皮就是采用了皮革的基本纹理，内部则由于结构的特殊性而制作出了金属质感，而且制作该质感的方法与前面介绍的方法也不完全相同，读者可以在制作过程中慢慢体会这一点。

❯设计流程解析

用图7.71所示的流程图对制作过程进行了示意，并在下面分别解析各个制作步骤。

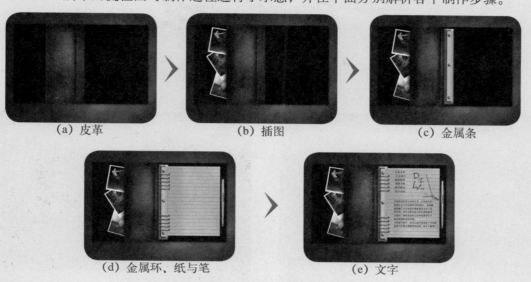

(a) 皮革   (b) 插图   (c) 金属条

(d) 金属环、纸与笔   (e) 文字

图7.71 皮革笔记本网页界面设计流程示意图

| 皮革 |

皮革是本例要表现的重要质感之一，在制作过程中，首先是利用多个滤镜功能，模拟皮肤表面的质感，然后结合调整图层以及画笔绘图功能，模拟在笔记上的明暗关系。

| 插图 |

此处的插图图像主要是用于展示网站的作品，同时，由于整个界面是以笔记本图像为主，因此在色彩上比较单一，而这些插图刚好可以起到很好的丰富作用。

| 金属条 |

金属条也是本例要制作的重要内容，在制作过程中，是通过绘制多个形状来区分金属条的层次，然后使用图层样式模拟其立体效果及表面的金属感。在此，应重点关注"光泽"图层样式的使用，它在模拟金属条的立体感及表面光泽时起到了非常重要的作用。

| 金属环、纸与笔 |

在制作了中间的金属条以后，金属环及笔图像的制作就相对容易了很多，而纸图像则相对麻烦一点，因为如果直接将纸制作为白色+条纹的效果，则不太匹配整体的风格，所以此处还需要结合画笔工具 ✎ 进行绘图，以模拟纸张表面一些光影的起伏感，从而在质感上显得更加逼真。

| 文字 |

文字当然是网页中必不可少的元素，其中一部分是网页中负责向其他页面跳转的链接文字，另一部分则可以归结为说明文字，在设置它们的属性时，应注意与整体的风格相匹配。

〉操作步骤

| 第1部分 制作笔记本基本外皮 |

① 打开随书所附光盘中的文件"第7章\7.4-素材1.psd"文件，作为本例的背景图像，如图7.72所示。

② 选择矩形工具 ▱，设置前景色为黑色，在工具选项条上单击形状图层按钮 ▱，在画布中绘制一个黑色的矩形，如图7.73所示，同时得到图层"形状1"。

图7.72 打开素材图像

图7.73 绘制黑色矩形

③ 保证当前选择的仍是"形状1"的矢量蒙版，仍然选择矩形工具 ▱，并在其工具选项条上单击从形状区域减去按钮 ▱，在上一步绘制的黑色矩形中心绘制一个垂直的矩形，得到左、右2个黑色矩形的效果，如图7.74所示。

④ 单击添加图层样式按钮 fx，在弹出的菜单中选择"投影"命令，在弹出的对话框中设置参数，得到如图7.75示的效果。

图7.74 制作左右2个黑色矩形

图7.75 制作投影效果

▶ | 提示 | 下面将开始制作笔记本中的皮革部分图像。

⑤ 新建一个图层得到"图层1"，设置前景色的颜色值为7b7373，背景色的颜色值为5e5555，选择"滤镜"→"渲染"→"云彩"命令，得到类似如图7.76所示的效果。

⑥ 选择"滤镜"→"渲染"→"分层云彩"命令，然后再按Ctrl+F键重复此操作3次，直至得到类似如图7.77所示的效果。

图7.76 制作云彩效果

图7.77 分层云彩后的效果

⑦ 下面确定要处理的图像范围。隐藏"图层1"并使用矩形选框工具 在背景中的黑色矩形左半部分绘制约如图7.78所示大小的选区。重新显示"图层1"，单击添加图层蒙版按钮 为其添加蒙版，得到如图7.79所示的效果。

图7.78 绘制矩形选区

图7.79 添加蒙版后的效果

⑧ 新建一个图层得到"图层2"，设置前景色的颜色值为3e3e3e，按Alt+Delete键填充该图层，然后切换至"通道"面板中，新建一个通道得到"Alpha 1"。

⑨ 下面将在通道中制作一个基本的光照纹理，以便于我们在后面对图像进行光照处理。在"Alpha 1"中，选择"滤镜"→"杂色"→"添加杂色"命令，设置弹出的对话框（如图7.80所示），单击"确定"按钮退出对话框。

图7.80 "添加杂色"对话框

⑩ 返回"图层"面板，选择"图层2"，选择"滤镜"→"渲染"→"光照效果"命令，设置弹出的对话框（如图7.81所示），得到如图7.82所示的效果。按Ctrl+Alt+G键执行"创建剪贴蒙版"操作，设置"图层2"的不透明度为40%，得到如图7.83所示的效果。

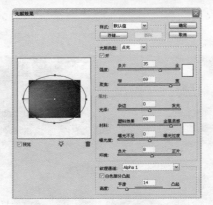

图7.81 "光照效果"对话框

图7.82 光照后的效果

图7.83 设置不透明度后的效果

⑪ 单击创建新的填充或调整图层按钮 ，在弹出的菜单中选择"通道混合器"命令，得到"通道混合器1"，按Ctrl+Alt+G键执行"创建剪贴蒙版"操作，设置弹出的面板（如图7.84所示），得到如图7.85所示的效果。

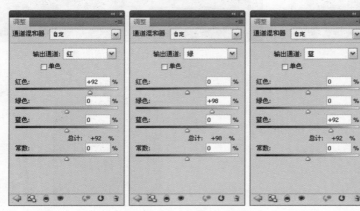

图7.84 "通道混合器"面板

图7.85 调色后的效果

▶ |提示|下面将在当前图像的基础上，为其增加小块的皮革效果。

⑫ 选择"形状1"的矢量蒙版，并使用路径选择工具 选中最外面的大矩形，然后按住Ctrl键单击其矢量蒙版以载入其选区。

> **|提示|** 先选中外面的大矩形，目的就在于在按Ctrl键单击矢量蒙版载入选区时，可以仅载入大矩形的选区。

⑬ 按住Alt键拖动"图层2"至图层"通道混合器1"的上方，得到"图层2副本"，并按Ctrl+Alt+G键执行"创建剪贴蒙版"操作。选择"滤镜"→"纹理"→"染色玻璃"命令，设置弹出的对话框（如图7.86所示），单击"确定"按钮退出对话框。

⑭ 设置"图层2副本"的混合模式为"正片叠底"，不透明度为56%，得到如图7.87所示的效果。

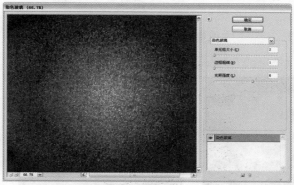

图7.86 "染色玻璃"对话框

图7.87 设置"正片叠底"后的效果

⑮ 按Ctrl+T键调出自由变换控制框，按住Shift键缩小图像，并将其置于如图7.88所示的位置。按Enter键确认变换操作。

⑯ 复制"图层2副本"得到"图层2副本2"，按照上一步的方法，对图像进行适当的缩放，然后置于下面露出的一小部分图像位置，得到如图7.89所示的效果。

⑰ 单击创建新的填充或调整图层按钮 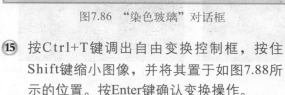，在弹出的菜单中选择"亮度/对比度"命令，得到"亮度/对比度1"，设置弹出的面板（如图7.90所示），得到如图7.91所示的效果。

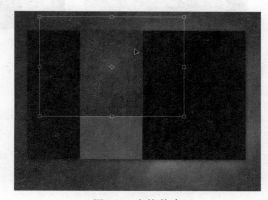

图7.88 变换状态

图7.89 变换图像

图7.90 "亮度/对比度"面板

图7.91 调整图像后的效果

263

> |提示|下面将为笔记本上的皮革图像增加一些表面的阴影，使其看起来更逼真。

⑱ 在图层"亮度/对比度1"上方新建一个图层得到"图层3"，并按Ctrl+Alt+G键执行"创建剪贴蒙版"操作，选择画笔工具 ✐ 并在其工具选项条上设置适当的画笔大小及不透明度，在皮革图像的上方进行涂抹，直至得到类似如图7.92所示的效果。

> |提示|下面将在皮革上为其制作一个带有层次感的图像效果。

⑲ 选择矩形工具 ▢，在工具选项条上单击路径按钮 ▨，并设置"半径"数值为35，在皮革的左侧位置绘制一个圆角矩形路径，如图7.93所示。

⑳ 按Ctrl+Enter键将路径转换成为选区，然后继续使用第⑱步设置的画笔在内部进行涂抹，直至得到类似如图7.94所示的效果。按Ctrl+D键取消选区。

图7.92 在皮革图像的上方涂抹　　　　图7.93 绘制圆角矩形　　　　图7.94 涂抹图像的层次感

> |提示|下面将在皮夹内增加几张照片图像。

㉑ 设置前景色为白色，选择钢笔工具 ✎，在工具选项条上单击形状图层按钮 ▢，然后绘制一个倾斜的长方形，如图7.95所示，同时得到图层"形状2"。

㉒ 打开随书所附光盘中的文件"第7章\7.4-素材2.tif"文件，使用移动工具 ▸⊹ 将其拖至本例第1部分第1步打开的素材文件中，得到"图层4"，结合自由变换控制框，缩放并旋转图像至白色矩形上，得到如图7.96所示的效果。

图7.95 绘制倾斜的长方形　　　　　　　　　　图7.96 调整图像的大小、角度及位置

㉓ 打开随书所附光盘中的文件"第7章\7.4-素材3.tif"和"第7章\7.4-素材4.tif"文件，按照上面两步的操作方法，制作得到如图7.97所示的效果，同时得到"图层5"、"图层

6"、"形状3"及"形状4"。

㉔ 将上面用于制作照片图像的3个形状图层和3个普通图层选中，然后按Ctrl+G键将选中的图层编组，得到"组1"并将其重命名为"照片"，然后将其拖到"图层1"的下方，得到如图7.98所示的效果，此时的"图层"面板如图7.99所示。

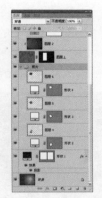

图7.97 制作其他照片图像　　图7.98 制作其他照片并调整图层位置　　图7.99 "图层"面板

㉕ 在所有图层上方新建一个图层得到"图层7"，设置前景色为黑色，使用画笔工具✐并设置适当大小的柔边画笔，在照片与皮夹之间进行涂抹，使其看起来能融合在一起，如图7.100所示。

|第2部分 制作金属夹及内页|

① 设置前景色为黑色，选择圆角矩形工具▢，在其工具选项条设置半径数值约为4左右，并单击形状图层按钮▢，然后在笔记本的中间位置绘制一个圆角矩形，如图7.101所示（为便于观看，笔者暂时将圆角矩形设置成为白色），同时得到"形状5"。

② 打开随书所附光盘中的文件"第7章\7.4-素材5.asl"，选择"窗口"→"样式"命令，以显示"样式"面板，选择刚打开的样式（通常在面板中最后一个）为"形状5"应用样式，此时图像效果如图7.102所示。

图7.100 涂抹阴影后的效果　　图7.101 绘制圆角矩形　　图7.102 应用样式后的效果

③ 按照本部分第①步的方法再绘制一个略小一些的圆角矩形，如图7.103所示，得到"形状6"。按照上一步的操作方法，打开随书所附光盘中的文件"第7章\7.4-素材6.asl"，选择刚打开的样式并为当前应用样式，此时图像状态如图7.104所示。

> |**提示**| 下面增加金属夹上的金属铆钉。

④ 选择椭圆工具 ◯，在工具选项条上单击形状图层按钮 ▢，设置前景色为黑色，在金属夹上绘制一个小的黑色正圆，得到"形状7"。使用路径选择工具 ▸ 按住Alt+Shift键向下拖动2次，得到2个黑色正圆的复制对象，并按照图7.105所示的位置进行摆放。

⑤ 在"形状5"的名称上单击右键，在弹出的菜单中选择"拷贝图层样式"命令，在"形状7"的名称上单击右键，在弹出的菜单中选择"粘贴图层样式"命令，使2个图层具有相同的图层样式，如图7.106所示。

图7.103 绘制圆角矩形　　图7.104 应用样式后的效果　　图7.105 绘制圆点　　图7.106 复制样式

⑥ 选中"形状7"，单击添加图层样式按钮 _fx_，在弹出的菜单中选择"投影"命令，在弹出的对话框中设置参数，得到如图7.107所示的效果。

> |**提示**| 下面将绘制笔记本的内页图像。

⑦ 设置前景色的颜色值为d8d8d8，选择矩形工具 ▢，在工具选项条上单击形状图层按钮 ▢，在笔记本的右侧绘制一个灰色的矩形，如图7.108所示，得到"形状8"。

⑧ 设置前景色的颜色值为679aa7，选择直线工具 ╲，在工具选项条上单击形状图层按钮 ▢，并设置"粗细"约为2，在灰色矩形块的顶部绘制一条直线，得到"形状9"并按Ctrl+Alt+G键执行"创建剪贴蒙版"操作，如图7.109所示。

⑨ 使用路径选择工具 ▸ 选中上一步绘制得到的直线路径，然后按Ctrl+Alt+T键调出自由变换并复制控制框，按住Shift键向下拖动一定距离，然后按Enter键确认变换操作，再连续连续按Ctrl+Alt+Shift+T键执行变换并复制操作多次，直至得到如图7.110所示的效果。

图7.107 制作投影效果　　　　图7.108 绘制矩形形状　　　　图7.109 绘制直线

⑩ 按照本部分第④步的操作方法，在金属夹内页纸的左侧绘制得到类似如图7.111所示的圆角图形，得到"形状10"。

⑪ 复制"形状10"得到"形状10副本"，使用移动工具 按住Shift键向左侧移动至金属夹的另外一侧，如图7.112所示。

图7.110 变换并复制得到多条直线　　　　图7.111 绘制圆点　　　　图7.112 复制圆点

⑫ 按照本部分第②步的操作方法，打开随书所附光盘中的文件"第7章\7.4-素材7.asl"，选择刚打开的样式并为"形状10副本"应用样式，此时图像状态如图7.113所示。

▶ **|提示|** 下面将开始制作连续金属夹及内页纸的金属连线。

⑬ 按照本部分第④步绘制圆点图形的方法，在金属夹上方绘制如图7.114所示的8个圆角矩形，同时得到图层"形状11"。

⑭ 在"形状5"的名称上单击右键，在弹出的菜单中选择"拷贝图层样式"命令，在"形状11"的名称上单击右键，在弹出的菜单中选择"粘贴图层样式"命令，使2个图层具有相同的图层样式，得到如图7.115所示的效果。

图7.113 应用样式后的效果　　　　图7.114 绘制圆角矩形　　　　图7.115 复制样式后的效果

⑮ 双击"形状11"中的"投影"样式名称，在弹出的对话框中设置参数，使产生的阴影效果更加的逼真，如图7.116所示。

⑯ 按照上面所介绍的方法，在笔记本的右侧再制作一只笔的图像，如图7.117所示。由于其操作方法仍然是绘制形状及添加图层样式，故不再详细介绍，读者可以打开本例的原文件，来查看其具体的参数设置，此时的"图层"面板如图7.118所示。

▶ **|提示|** 为了使整体效果更加的逼真，下面将在内页纸上涂抹一些表面的阴影效果。

⑰ 在"形状9"的上方新建一个图层得到"图层8"，按Ctrl+Alt+G键执行"创建剪贴蒙版"操作，使下面涂抹得到的图像，被限制在内页纸的范围内。

⑱ 设置前景色为黑色，选择画笔工具 ✐ 并设置适当的画笔大小及不透明度，在内页纸上进行涂抹，直至得到类似如图7.119所示的效果。

图7.116 修改后的投影效果　　图7.117 制作一只笔图像　　图7.118 "图层"面板　　图7.119 使用画笔绘图

> **提示** 至此，笔记本图像已经基本制作完毕，下面增加笔记本周围的缝线图像效果。缝线本身应该是较深的褐色，但在制作过程中，为了便于观看，我们将暂时使用白色。

⑲ 结合钢笔工具 ✐ 和圆角矩形工具 ▢ 在笔记本上绘制路径，如图7.120所示。

⑳ 在所有图层上方新建一个图层得到"图层9"，设置前景色为白色，选择画笔工具 ✐ 并设置画笔大小为2，"硬度"为100%，然后切换至"路径"面板，单击用画笔描边路径命令按钮 ◯ ，隐藏路径后得到如图7.121所示的效果。

图7.120 在笔记本上绘制路径　　　　　　　　图7.121 描边后的效果

㉑ 选择橡皮擦工具 ✐ ，按F5键显示"画笔"面板并按照图7.122所示进行参数设置，仍然选择本部分第⑲步绘制的路径，然后单击用画笔描边路径命令按钮 ◯ ，隐藏路径后得到如图7.123所示的效果。

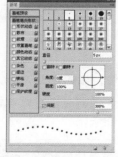 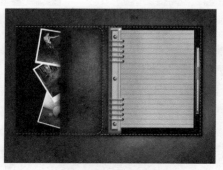

图7.122 "画笔"面板　　　　　　　图7.123 擦除图像后得到的虚线效果

㉒ 选择"图层9",单击"图层"面板上的锁定透明像素命令按钮■,设置前景色的颜色值为4c3418,按Alt+Delete键进行填充,得到如图7.124所示的效果,图7.125所示是填充颜色后的局部效果。

图7.124 填充颜色后的效果

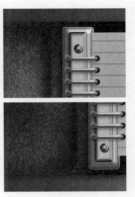

图7.125 局部图像效果

㉓ 结合直线工具\以及横排文字工具 **T**,在笔记本的内页上输入文字并绘制一些简单的图形,直至得到如图7.126所示的最终效果,此时的"图层"面板如图7.127所示。

图7.126 最终效果

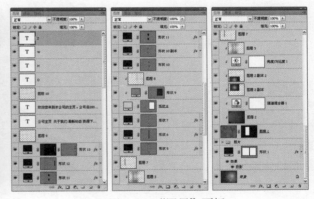

图7.127 "图层"面板

▶ |提示| 本节最终效果为随书所附光盘中的文件"第7章\7.4.psd"。

▶技能总结

- 使用滤镜功能模拟图像的纹理。
- 使用蒙版功能限制图像的显示范围。
- 使用画笔绘制图像的阴影。
- 使用变换功能改变图像的大小及角度等属性。
- 使用图层样式功能模拟图像的立体感及金属光泽。

STEP
DANCE

|第 8 章|
LOGO 标识

8.1 LOGO设计

企业标志是表现其形象的第一要素，也称为LOGO，指那些造型美观、意义明确的统一、标准的视觉符号，它不仅是发动所有视觉设计要素的主导力量，也是所有视觉要素的中心，更是大众心目中的企业、品牌的象征。

8.1.1 LOGO设计原则

LOGO设计是一种图形艺术设计，它与其他图形艺术表现手段既有相同之处，又有其独特的艺术规律。简单地说，LOGO的设计对简练、概括、完美的要求十分苛刻，因此其设计难度比之其他任何图形艺术设计都大。

另外，以下设计原则应该贯穿整个设计过程，这样才能够得到比较好的作品。

- 设计要符合欣赏群体直观接受能力、审美意识、社会心理和禁忌。
- 构思力求深刻、巧妙、新颖、独特，表意准确，能经受住时间的考验。
- 构图要凝练、美观有艺术性，有时代感。
- 色彩要单纯、强烈、醒目。

8.1.2 LOGO设计形式

就设计形式而言，LOGO设计可以分为图形标志、文字标志和复合标志三种。

| 图形型标志 |

图形标志是以富于想象或相联系的事物来象征LOGO的主体，此类标志从造型的角度来看，可以分为具象型、抽象型、具象抽象结合型三种。

- 具象型标志，此类标志是在具体图像（多为实物图形）的基础上，经过各种修饰，如简化、概括、夸张等设计而成的，其优点在于直观地表达具象特征，一目了然。
- 抽象型标志，此类标志是有点、线、面、体等造型要素设计而成的标志，它突破了具象的束缚，在造型效果上有较大的发挥余地，但在理解上易于产生不确定性。
- 具象抽象结合型标志，此类标志最为常见，由于它结合了具象型和抽象型两种标志设计类型的长处，从而使其表达效果尤为突出。

图8.1所示是一些图形型标志的典型作品。

图8.1 图形型标志

续图8.1

|文字型标志|

　　文字型标志是以含有象征意义的文字造型作基点，对其变形或抽象地改造使之图案化。通常许多企业使用企业的拼音字首字母作为用企业名称的缩写，也有使用企业名称的英文缩写。例如，麦当劳黄色的"M"字型标志。图8.2所示是一些具有代表性的文字型LOGO作品。

图8.2　文字型标志示例

|复合型标志|

　　复合标志是指在一个LOGO中，即有文字又有图形，其示例如图8.3所示。

图8.3　复合型标志示例

续图8.3

8.2 玻璃质感标志设计

> ### 基本信息

学习难度：★

主要技术：绘制路径、填充图层、图层样式、图层属性

图层数量：7

通道数量：0

路径数量：0

> ### 设计解析

在本例中，将设计一款具有透明玻璃质感的标志。在制作过程中，将以表现标志的透明质感作为处理重点，在色彩、透明度等属性的设置，以及对整体质感的把握上，是读者需要重点学习的内容。

> ### 设计流程解析

用图8.4所示的流程图对制作过程进行了示意，并在下面分别解析各个制作步骤。

（a）球体光泽　　　　　（b）主体图形　　　　　（c）阴影

图8.4 设计流程示意图

|球体光泽|

在使用图形模拟光泽感时，最重要的一点就是做好对图形间透明属性的把握，尤其对于互相交叠的图形而言，设置此属性可以给人一种有层次的透明感。

在制作过程中，将主要以绘制形状、绘制路径及渐变填充的方式绘制各部分的图形。

|主体图形|

在本例中，标志的主体图形较为简单，并没有用到特殊的处理技术。但需要注意的是，在此类透明质感的标志中，即便是单色的图形，也应该在该颜色的基础上略做变化，然后使用渐变进行填充，以保持整体风格的统一。

|阴影|

从设计角度而言，多数标志图像都没有阴影，但在交给客户设计好的方案时，即可以使用这种方法增加标志的立体感，属于修饰性质的内容。

由于本例的标志为圆形，因此其阴影表现起来也相对简单，我们可以使用普通的圆形柔边画笔，修改其圆度属性后即可绘制得到比较好的阴影效果。

❯操作步骤

①　按Ctrl＋N键新建一个文件，设置弹出的对话框（如图8.5所示），单击"确定"按钮退出对话框，从而新建一个文件。

②　设置前景色的颜色值为f36523，选择椭圆工具 ⬭ ，并在其工具选项条上单击形状图层按钮 ▢ ，然后按住Shift键在画布中绘制正圆，如图8.6所示，同时得到一个图层"形状1"。

图8.5 "新建"对话框

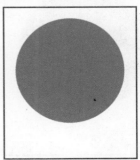

图8.6 绘制圆形形状

③　单击添加图层样式按钮 *fx* ，在弹出的菜单中选择"内阴影"命令，设置弹出的对话框（如图8.7所示），然后再选择"描边"选项，设置其对话框（如图8.8所示），得到如图8.9所示的效果。

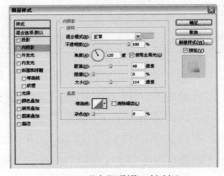

图8.7 "内阴影"对话框

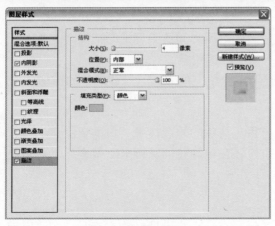

图8.8　"描边"对话框　　　　　　　　　　　　图8.9　制作阴影及描边效果

> **提示** 在"内阴影"对话框中,颜色块的颜色值为fed482。在"描边"对话框中,颜色块的颜色值为efd389。

④ 切换至"路径"面板并新建一个路径得到"路径1",选择椭圆工具 ◯ ,并在其工具选项条上单击路径按钮 ▦ ,按住Shift键在画布中绘制正圆形路径,如图8.10所示。

⑤ 单击创建新的填充或调整图层按钮 ◑. ,在弹出的菜单中选择"渐变填充"命令,设置弹出的对话框(如图8.11所示),然后在未退出对话框的情况下将渐变向左下方位置拖动,得到如图8.12所示的效果,同时得到图层"渐变填充1"。

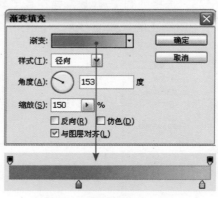

图8.10　绘制圆形路径　　　　图8.11　"渐变填充"对话框　　　　图8.12　填充渐变后的效果

> **提示** 在"渐变填充"对话框中,所使用的渐变从左至右各个色标的颜色值依次为f36523和fed482。

⑥ 下面制作标志上方的光泽图形。设置前景色的颜色值为ff7f18,选择钢笔工具 ♠. 并在其工具选项条上单击形状图层按钮 ▨ ,在画布中绘制一个类似于椭圆的形状,如图8.13所示,同时得到对应的图层"形状2"。

⑦ 单击添加图层样式按钮 fx. ,在弹出的菜单中选择"内发光"命令,设置弹出的对话框(如图8.14所示),得到如图8.15所示的效果。

图8.13 绘制图形

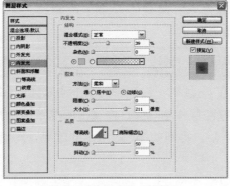
图8.14 "内发光"对话框

图8.15 制作发光效果

提示 在"内发光"对话框中，颜色块的颜色值为fed482。

⑧ 设置"形状2"的不透明度为60%，"填充"数值为55%，得到如图8.16所示的效果。

⑨ 下面绘制标志右下方的透明图形。设置前景色的颜色值为f36523，选择椭圆工具，并在其工具选项条上单击形状图层按钮，然后按住Shift键在画布中绘制一个比标志略小一些的正圆，如图8.17所示，同时得到一个图层"形状3"。

图8.16 降低图像的透明度

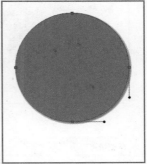
图8.17 绘制正圆形

⑩ 使用路径选择工具按住Alt键向左上方拖动以绘制路径，复制该路径，然后在工具选项条上单击从形状区域减去按钮，再调整该路径的位置，直至得到类似如图8.18所示的效果。

⑪ 设置"形状3"的不透明度为68%，"填充"数值为60%，得到如图8.19所示的效果。

提示 至此，我们已经完成了大部分的标志内容，为更好的观察整体的立体感，下面将在其下方增加阴影图像。

⑫ 选择画笔工具，并按F5键显示"画笔"面板，按照图8.20所示进行参数设置，然后在其工具选项条设置不透明度为35%左右。

图8.18 运算后的状态

图8.19 设置不透明度后的效果

图8.20 "画笔"面板

⑬ 在"背景"图层上方新建得到"图层1"，设置前景色为黑色，在标志的下方单击以绘制阴影图像，如图8.21所示。

▶ |**提示**|最后，我们将在已经绘制好的球体上绘制得到标志的主体图形。

⑭ 结合钢笔工具 ◊ 及椭圆工具 ◯ 等，在标志图像上绘制如图8.22所示的路径。

⑮ 单击创建新的填充或调整图层按钮 ◐，在弹出的菜单中选择"渐变"命令，设置弹出的对话框（如图8.23所示），得到如图8.24所示的效果，同时得到图层"渐变填充2"，此时的"图层"面板如图8.25所示。

图8.21 制作阴影效果

图8.22 在标志图像上绘制路径

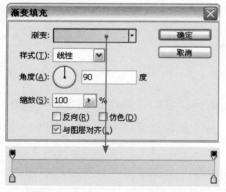
图8.23 "渐变填充"对话框

图8.24 最终效果

图8.25 "图层"面板

▶ |**提示1**|在"渐变填充"对话框中，所使用的渐变从左至右各个色标的颜色值依次为fedb8a和fee9ba。

▶ |**提示2**|本节最终效果为随书所附光盘中的文件"第8章\8.2.psd"。

〉技能总结

- 通过绘制路径及形状创建标志的基本形态。
- 使用图层样式增加图像的光感或为图像叠加渐变。
- 通过设置图层的属性模拟图像表面的光泽感。

8.3 光滑透视标识设计

基本信息

学习难度： ★★★★

主要技术： 绘制路径、渐变填充、画笔绘图、滤镜、图层属性

图层数量： 40

通道数量： 0

路径数量： 10

设计解析

在本例中，将以人物的标识为主题，设计一幅IT标识作品。在制作过程中，将以制作IT标识的立体效果为处理的核心内容，最后应用横竖线条、文字增添辅助效果以丰富图像。

设计流程解析

用图8.26所示的流程图对制作过程进行了示意，并在下面分别解析各个制作步骤。

（a）局部立体效果　　　（b）整体立体效果　　　（c）光晕及光泽

图8.26 设计流程示意图

|局部立体效果|

在制作本例的标识时，首先应确立图像的透视关系，再依此透视确定后面的图像应该如何绘制，以匹配整体的透视关系。

在制作左侧橙色图形的立体效果时，首先应把握好整体的透视关系，然后使用钢笔工具绘制路径并填充渐变，以模拟出各部分的立体感即可。

|整体立体效果|

在完成了部分的立体效果后，根据经验就能够比较容易的制作得到另外两部分蓝色图像。需要注意的是，蓝色图像的高光是采用白色的透明渐变进行模拟的，所以在渐变透明属性的设置上要细致一些，以避免出现高光太过生硬，甚至显脏的情况。

|晕光及光泽|

对于一个非常光滑的对象，增加光晕也是一种表现其光泽感的好方法。首先，我们可以使用柔和边缘的画笔在标识的各部分单击以添加光晕效果，然后再将现有的标识图像盖印至新图层，通过滤镜、图层蒙版等功能，增加标志左侧的晕光以及右侧下方的投影效果。

➤操作步骤

① 按Ctrl+N键新建一个文件，设置弹出的对话框（如图8.27所示），单击"确定"按钮退出对话框，以创建一个新的空白文件。

▶ |提示|首先制作人物标识图像。

② 设置前景色的颜色值为ff9c01，选择钢笔工具 ✒️，在工具选项条上单击形状图层按钮 ▢，在当前文件中绘制如图8.28所示的形状，得到"形状 1"。

图8.27 "新建"对话框

图8.28 绘制形状

③ 设置前景色的颜色值为1a4aae，选择钢笔工具 ✒️，在工具选项条上单击形状图层按钮 ▢，在上一步绘制的形状右侧绘制如图8.29所示的形状，得到"形状 2"。

④ 保持前景色的颜色值不变，选择椭圆工具 ⬭，在工具选项条上单击形状图层按钮 ▢，在身体标识的右上方绘制椭圆制作人物头部标识的形状如图8.30所示。得到"形状 3"。

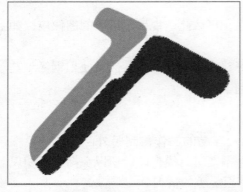

图8.29 绘制右侧标识形状

图8.30 绘制头部标识形状

▶ |提示| 下面来制作人物标识左侧的立体效果。

⑤ 设置前景色的颜色值为e57303，选择钢笔工具 🖋️，在工具选项条上选择形状图层按钮 🔲，在右侧侧面绘制如图8.31所示的形状，得到"形状 4"。

⑥ 复制"形状 1"得到"形状 1 副本"，将其拖至"形状 4"上方。双击当前图层缩览图，在弹出的对话框中设置颜色值为ffb727。选择直接选择工具 ▶️，选中"形状 1 副本"其路径并将上方的各个节点向下移动及右侧的各个节点向左移动，如图8.32所示。

 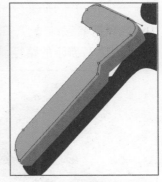

图8.31 绘制侧面形状 　　　　图8.32 编辑路径

▶ |提示| 对于角度的处理可通过拖动节点两侧的控制句柄来实现。

⑦ 单击"形状 1 副本"矢量蒙版缩览图以显示其路径，切换至"路径"面板将其重命名为"路径 1"，切换回"图层"面板，选择"形状 1 副本"。

⑧ 单击创建新的填充或调整图层按钮 ⬤，在弹出的菜单中选择"渐变"命令，在弹出的对话框中，单击渐变类型选择框，设置渐变类型颜色值为从e57303到透明。单击"确定"按钮返回到"渐变填充"命令对话框，设置如图8.33所示，单击"确定"按钮确定设置，得到"渐变填充 1"，得到如图8.34所示的效果。

▶ |提示| 单击矢量蒙版缩览图及"路径"面板的空白处可显示/隐藏路径线。

图8.33 "渐变填充"对话框 　　　图8.34 应用"渐变填充"后的效果

⑨ 设置"渐变填充 1"的不透明度为84%。选择"形状 3"，设置前景色的颜色值为e57303，按照前面绘制形状的方法在左侧形状腋窝处绘制如图8.35所示的形状，得到"形状 5"。

⑩ 选择"形状 4"，新建"图层 1"，按Ctrl+Alt+G键执行"创建剪贴蒙版"操作，设置前

景色的颜色值为feb940，选择画笔工具 ⬛，在其工具选项条中设置适当的画笔大小及不透明度（20%），在右侧面图像上进行涂抹增强立体效果，如图8.36所示。

> **提示** 此时按Ctrl+Alt+G键执行"创建剪贴蒙版"操作，以保证它与下面图层之间的剪贴关系。

⑪ 选择钢笔工具 ⬛，在工具选项条上单击路径按钮 ⬛，在上一步得到的图像折角处绘制如图8.37所示的路径。

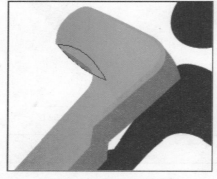 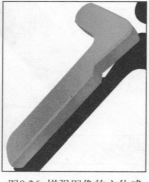 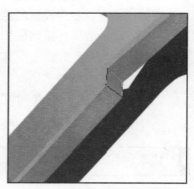

图8.35 在腋窝处绘制形状 　　图8.36 增强图像的立体感 　　图8.37 在折角处绘制路径

⑫ 单击创建新的填充或调整图层按钮 ⬛，在弹出的菜单中选择"渐变"命令，在弹出的对话框中单击渐变类型选择框，设置渐变类型颜色值为从fbd38d到透明。单击"确定"

按钮返回到"渐变填充"命令对话框，设置如图8.38所示，单击"确定"按钮确定设置，得到"渐变填充2"，得到如图8.39所示的效果。

 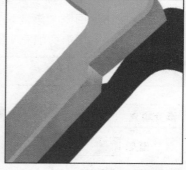

⑬ 按照前面绘制形状的方法在右上角绘制如图8.40所示的白色形

图8.38 "渐变填充"对话框　图8.39 应用"渐变填充"后的效果

状，得到"形状6"，设置此图层的不透明度为59%，得到的效果如图8.41所示。

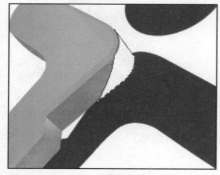 

图8.40 绘制白色形状 　　　　　　　图8.41 设置不透明度后的效果

⑭ 选择"形状 1 副本",新建"图层 2",按Ctrl+Alt+G键执行"创建剪贴蒙版"操作,设置前景色的颜色值为fff945,选择画笔工具 ✐,在其工具选项条中设置适当的画笔大小及不透明度(30%),在标识面部图像上进行涂抹制作反光效果,如图8.42所示。

> | 提示 | 制作左侧的标识的立体效果已完成,为也方便图层的管理,现笔者将"形状 5"~"渐变填充 1"选中,按Ctrl+G键进行编组得到"组 1",并重命名为"左"。"图层"面板如图8.43所示。下面制作右侧标识的立体效果。

图8.42 制作反光效果 图8.43 "图层"面板

⑮ 按照制作左侧标识立体效果的方法,制作右侧标识立体效果,可依图8.44~图8.53所示的顺序完成。并将本步骤操作得到的图层进行编组重命名为"右"。此时的"图层"面板如图8.54所示。

> | 提示 | 其中对"形状 9"设置了50%的不透明度。具体的颜色设置、"渐变填充"及对应的渐变类型请参考最终效果源文件。关于颜色,读者也可自己进行达配设置,需注意图层的顺序。

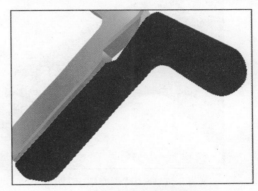

图8.44 绘制蓝色形状

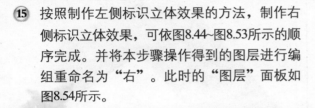

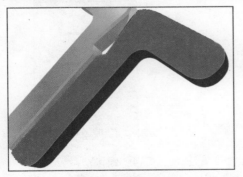

图8.45 编辑路径1

图8.46 编辑路径2

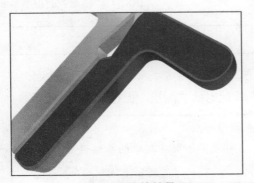

图8.47 涂抹效果

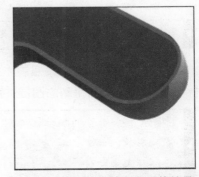

图8.48 应用"渐变填充"后的效果

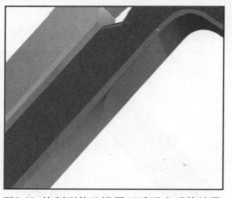

图8.49 绘制形状及设置不透明度后的效果

图8.50 制作高光效果

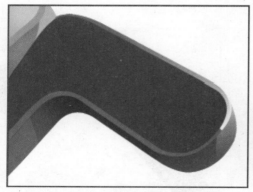

图8.51 应用"渐变填充"后的效果

图8.52 涂抹面部效果

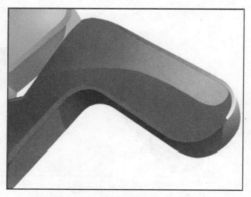

图8.53 应用"渐变填充"后的效果

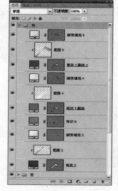

图8.54 "图层"面板

> **|提示|** 下面制作头部标识效果。

⑯ 选择"左",继续按照制作左侧标识立体效果的方法,制作头部标识立体效果如图8.55所示。将本步骤得到的图层进行编组重命名为"头",此时的"图层"面板如图8.56所示。

> **|提示|** 本步骤的操作,与前面所介绍的制作人物标识身体的立体效果一样,用到渐变填充、形状、画笔工具 ✎ 等,对"形状 14"设置了不透明度为24%。具体的参数设置请参考最终效果源文件。下面开始制作标识投影及点缀效果。

⑰ 选择"右",新建"图层 7",设置前景色的颜色值为白色,选择画笔工具 ✏️,在其工具选项条中设置适当的画笔大小及不透明度,在标识图像的头部、手臂、底部处涂抹以制作反光效果,如图8.57所示。

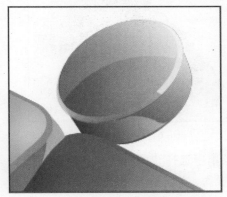

图8.55 制作头部标识效果　　图8.56 "图层"面板　图8.57 制作头部、手臂以及底部的反光

⑱ 按Ctrl+Alt+A键选择除"背景"图层以外的所有图层,按Ctrl+Alt+E键执行"盖印"操作,从而将选中图层中的图像合并至一个新图层中,并将其重命名为"图层 8"。

⑲ 选择"滤镜"→"模糊"→"高斯模糊"命令,在弹出的对话框中设置"半径"数值为7.4px,得到如图8.58所示的效果。

⑳ 单击添加图层蒙版按钮 🔘 为"图层 8"添加蒙版,按D键将前景色和背景色恢复为默认的黑白色,选择渐变工具 ▧,在其工具选项条中单击线性渐变工具 ▧,设置渐变类型为从前景色到背景色。从标识的右下角至左上角绘制一条渐变,得到如图8.59所示的效果。

▶ |提示| 绘制渐变的长短直接影响得到的效果,读者可尝试绘制不同的长度所得到的效果。

图8.58 应用"高斯模糊"后的效果　　　　　　　　图8.59 隐藏部分模糊效果

㉑ 按照第⑱步的操作方法,选中除"背景"图层以外所有的图层,执行"盖印"操作并重命名为"图层 9",将得到的图层拖至"背景"图层上方,使用移动工具 ➤ 将当前图层的图像向右下方移动,如图8.60所示。按照第⑲步高斯模糊的方法设置得到如图8.61所示的效果。

图8.60 移动位置

图8.61 模糊后的效果

㉒ 单击创建新的填充或调整图层按钮 ⬤，在弹出的菜单中选择"色阶"命令，得到图层
"色阶 1"，按Ctrl+Alt+G键执行"创建剪贴蒙版"操作，设置弹出的面板（如图8.62所
示），得到如图8.63所示的效果。

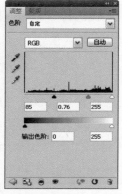

图8.62 "色阶"面板

图8.63 应用"色阶"后的效果

㉓ 选择直线工具 ＼，在工具选项条上单击路径按钮 ▨，在其工具选项条中单击添加到路
径区域按钮 ▣，在当前文件中绘制如图8.64所示的路径。

㉔ 选择"背景"图层，新建"图层 10"，设置前景色的颜色值为c7c5ca，选择画笔工具
 ✎，设置画笔大小为3px，硬度为100%，不透明度为100%。切换至"路径"面板，单
击用画笔描边路径命令按钮 ⬭，得到如图8.65所示的效果。

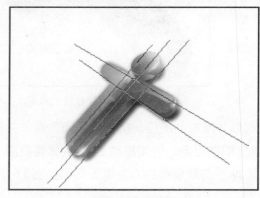

图8.64 绘制路径

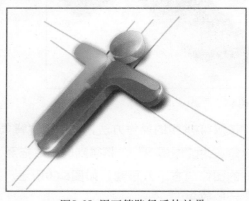

图8.65 用画笔路径后的效果

㉕ 切换回"图层"面板，单击添加图层蒙版按钮 ▣ 为"图层 10"添加蒙版，设置前景色为黑色，选择画笔工具 ✎，在其工具选项条中设置适当的画笔大小及不透明度，在图层蒙版中进行涂抹，以将线条的边缘隐藏起来以制作渐隐效果，如图8.66所示，此时图层蒙版中的状态如图8.67所示。

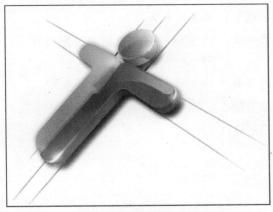

图8.66 制作渐隐的线条效果

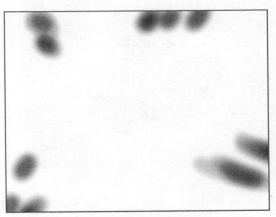

图8.67 图层蒙版中的状态

㉖ 结合文字工具完成本例的最终设计，效果如图8.68所示。此时的"图层"面板如图8.69所示。

▶ |提示|文字的颜色值可参考最终源文件。

图8.68 最终效果

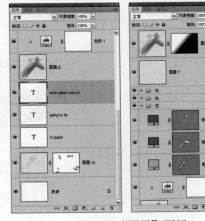

图8.69 "图层"面板

▶ |提示|本节最终效果为随书所附光盘中的文件"第8章\8.3.psd"。

技能总结

● 结合渐变填充及形状功能制作标识的轮廓。
● 利用图层蒙版、高斯模糊功能制作投影效果。
● 利用画笔工具 ✎ 制作反光效果、亮光效果。

8.4 工作室三维标识设计

> **基本信息** ///////////////////

学习难度： ★★★★★

主要技术： 绘制路径、渐变填充、图层样式、剪贴蒙版

图层数量： 52

通道数量： 0

路径数量： 14

> **设计解析** /////////////////////

在本例中，将以数字"3"为中心，制作一幅具有逼真三维角度的标识作品。在制作过程中，首先制作出数字"3"，然后制作右侧的立方体水晶形状，输入英文制作英文的立体效果，最后制作高光效果。本例的核心技术在于表现图像的透视和材质，也是本例的技术难点。

> **设计流程解析** /////////////////////////////////

用图8.70所示的流程图对制作过程进行了示意，并在下面分别解析各个制作步骤。

(a) 立体文字　　　　　　　(b) 立体水晶　　　　　　　(c) 光晕

图8.70 设计流程示意图

| 立体文字 |

作为标识的主体图像，首先在颜色的设置上就与其他的图像不同，使其在视觉上更加瞩目。同时，作为本例第一部分处理的对象，其透视角度、质感等属性，都对后面制作其他元素有着决定性的影响。

在制作该数字时，首先可以设置适当的字体输入数字3，将其转换成为形状并进行形态的编辑。在确定了文字的基本形态后，可以继续绘制其厚度，这也是对后面的透视关系有影响的元素，因此在制作时应小心谨慎，避免由于此处出现问题而导致后面其他元素也要随之修改的情况出现。

在制作文字表面的高光时，应注意对其亮度的控制，以充分模拟文字表面的光泽感。

|立体水晶|

从维度上说，此处制作的围绕在数字3周围的水果文字及矩形，需要与其统一，但在质感上表现的却是蓝的水晶质感。

在制作过程中，维度及质感的表现方法基本相同。需要注意的是，由于水晶图像是蓝色的，与前面制作的数字3的灰色不同，因此在表现其透明感时，应特别注意不要让表面的高光显脏——也就是要把握好高光的颜色。

|光晕|

立体标识上的光晕主要用来装饰作品，以突出表面的光感。在制作时，可以使用画笔工具✐并设置适当的角度及圆度等属性，以在不同的位置绘制光晕。

❯操作步骤

|第一部分 制作主体图像|

① 按Ctrl+N键新建一个文件，在弹出的对话框中设置文件的大小为36厘米×27厘米，分辨率为72像素/英寸，背景色为白色，颜色模式为8位的RGB模式，单击"确定"按钮退出对话框。

▶ |提示|下面通过"渐变填充"对话框绘制渐变，制作渐变背景。

② 单击创建新的填充或调整图层按钮 ◑ ，在弹出的菜单中选择"渐变填充"命令，设置弹出的对话框（如图8.71所示），得到如图8.72所示的效果，同时得到"渐变填充1"。

图8.71 "渐变填充"对话框

图8.72 应用"渐变填充"后的效果

▶ |提示|在"渐变填充"对话框中，设置从左至右各个色标的颜色值分别为8e8e8e、白色。下面开始输入文字，通过创建调整图层、添加图层样式，制作立体感数字效果。

③ 选择横排文字工具 T ，设置前景色的颜色值为黑色，并在其工具选项条上设置适当的字体和字号，在当前文件中输入文字，如图8.73所示。在"3"文字图层名称上单击右键，在弹出的菜单中选择"转换为形状"命令，从而将其转换成为形状图层。选择直接选择工具 ▸ ，调整数字"3"的形状，得到如图8.74所示的效果。

图8.73 输入主题文字

图8.74 调整形状

④ 单击创建新的填充或调整图层按钮 ，在弹出的菜单中选择"渐变填充"命令，设置弹出的对话框（如图8.75所示），单击"确定"按钮退出对话框，按Ctrl+Alt+G键创建剪贴蒙版，得到如图8.76所示的效果，同时得到"渐变填充2"。

图8.75 "渐变填充"对话框

图8.76 制作渐变效果

> **提示** 在"渐变填充"对话框中，设置从左至右各个色标的颜色值分别为d7d7d7、8e8e8e、e1e1e1。不透明度色标从左至右依次为0%、100%、0%。

⑤ 选择"渐变填充1"，设置前景色的颜色值为383838，选择钢笔工具 ，在工具选项条上单击形状图层按钮 ，绘制"3"立体右侧面，得到如图8.77所示的效果，得到"形状1"。选择"3"文字图层，单击添加图层样式按钮 ，在弹出的菜单中选择"描边"命令，在弹出的对话框中设置参数，得到如图8.78所示的效果。

图8.77 绘制文字形状

图8.78 "描边"后的效果

⑥ 保持上一步骤的设置，更改前景色的颜色值为878787，继续绘制"3"立体右侧面上的反光，得到如图8.79所示的效果，得到"形状2"。打开随书所附光盘中的文件"第8章\8.4-素材.asl"，选择"窗口"→"样式"命令，以显示"样式"面板，选择刚打开的样式（通常在面板中最后一个）为当前图层应用样式，此时图像效果如图8.80所示。

⑦ 更改前景色的颜色值为383838，选择添加到形状区域按钮🔲，继续绘制"3"立体左侧面，得到如图8.81所示的效果，得到"形状3"。

图8.79 绘制反光形状	图8.80 应用图层样式后的效果	图8.81 在文字的左侧绘制形状

⑧ 选择钢笔工具 ✒，在工具选项条上单击路径按钮🔲，在"3"的下横截面上绘制路径，如图8.82所示。重复步骤②的操作，选择"渐变填充"命令，在弹出的对话框中设置参数，得到如图8.83所示的效果，得到"渐变填充3"。

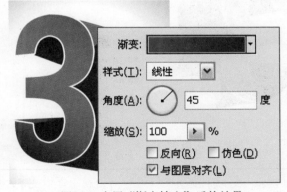

图8.82 在下横截面上绘制路径	图8.83 应用"渐变填充"后的效果

▶ | 提示 | 在"渐变填充"对话框中，渐变类型为"从626262到383838"。

⑨ 复制"渐变填充3"得到"渐变填充3副本"。结合选择路径选择工具 ▶ 和直接选择工具 ▶ 调整新复制出的图像的形状，并放置于"3"的上横截面，得到如图8.84所示的效果。

⑩ 选择"形状1"，按住Shift键单击"渐变填充2"的图层名称以将二者之间的图层选中，按Ctrl+G键将选中的图层编组，得到"组1"，此时的"图层"面板如图8.85所示。

▶ | 提示 | 为了方便图层的管理，笔者在此对制作文字的图层进行编组操作，在下面的操作中，笔者也对各部分进行了编组的操作，在步骤中不再叙述。下面开始制作立体不规则形状，首先制作立体形状的正右侧面。立方体的制作是为了后面的立体文字制作做基础。

⑪ 选择"组1"，设置前景色的颜色值为6bbcd2，重复步骤⑤的操作，制作"3"右下方的
蓝色图形，如图8.86所示，同时得到"形状4"。

 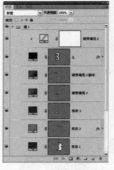 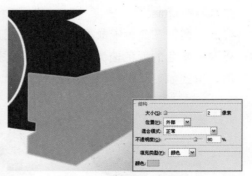

图8.84 复制渐变填充图像后的效果　图8.85 "图层"面板　　　　　图8.86 制作蓝色图形

▶ |提示|在"描边"对话框中，颜色块的颜色值为9efcfd。

⑫ 选择"组1"，重复步骤⑧的操作，制作立体顶面。结合路径及渐变填充图层的功能，
制作渐变效果，如图8.87所示。然后利用"描边"图层样式制作图像的描边效果，如图
8.88所示。

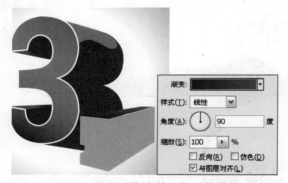 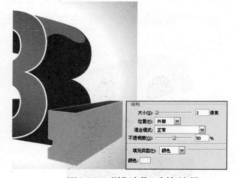

图8.87 应用"渐变填充"后的效果　　　　　　　图8.88 "描边"后的效果

▶ |提示|在"渐变填充"命令对话框中，渐变类型为"从012f45到0d6688"。

⑬ 选择"形状4"，重复步骤⑧的操作，制作右侧面反光效果，"渐变填充"命令对话框
设置如图8.89所示，得到"渐变填充 5"，按Ctrl+Alt+G键创建剪贴蒙版，得到如图8.90
所示的效果。

图8.89 "渐变填充"对话框　　　　　　　　　図8.90 应用"渐变填充"后的效果

> |提示| 在 "渐变填充" 对话框中，渐变类型各色标值从左至右为001a4d、266e99，不透明度从左至右为不透明到透明。

⑭ 重复步骤 ⑧ 的操作，制作右侧面亮光制作右侧面反光效果，"渐变填充"命令对话框的设置如图8.91所示，得到"渐变填充 6"，按Ctrl+Alt+G键创建剪贴蒙版，得到如图8.92所示的效果。

图8.91 "渐变填充"对话框

图8.92 应用"渐变填充"后的效果

> |提示| 在 "渐变填充" 对话框中，渐变类型为"从002444到02c5de"。

⑮ 结合形状工具、路径、渐变填充、图层样式以及剪贴蒙版的功能，制作反光效果、以及蓝色图形上方的立方条图像，如图8.93所示。此时的"图层"面板如图8.94所示。

> |提示| 本步骤中关于渐变填充以及图层样式对话框中的参数设置请参考最终效果源文件。在下面的操作中，会多次应用渐变填充以及图层样式的功能，笔者不再做相关参数的提示。下面通过使用画笔工具 🖊，绘制路径并描边，添加图层样式，制作立方体的立体折线效果。

⑯ 选择"渐变填充8"，新建一个图层得到"图层1"，并按Ctrl+Alt+G键创建剪贴蒙版，设置此图层的混合模式为"叠加"，设置前景色的颜色值为白色，选择画笔工具 🖊，在其工具选项条中设置合适的画笔大小和不透明度，在右侧立方体上涂抹，制作立方条的反光，如图8.95所示。

图8.93 制作反光及立方条图像

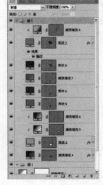

图8.94 "图层"面板

图8.95 设置混合模式并创建剪贴蒙版

⑰ 继续新建"图层2"，设置前景色的颜色值为白色，选择画笔工具 ✐，设置画笔大小为 3像素，且"硬度"为100%。选择钢笔工具 ◊，在工具选项条上单击路径按钮 ▨，单击添加到路径区域按钮 ▣，沿着立方体的转折面绘制路径，如图8.96所示。

⑱ 切换到"路径"面板，双击"工作路径"的图层名称，在弹出的菜单中单击"确定"命令确认操作，得到"路径7"。选择画笔工具 ✐，单击用画笔描边路径按钮 ◯，然后单击"路径"面板中的空白区域以隐藏路径，得到如图8.97所示的效果。

⑲ 切换回"图层"面板，选择"图层2"，利用"外发光"图层样式制作图像的发光效果，如图8.98所示。

图8.96 沿着立方体的转折面绘制路径　　　图8.97 描边后的效果　　　　　图8.98 制作发光效果

⑳ 单击添加图层蒙版按钮 ▣ 为"图层2"添加蒙版，设置前景色为黑色，选择画笔工具 ✐，在其工具选项条中设置适当的画笔大小及不透明度，在图层蒙版中进行涂抹，以将边缘线柔和，直至得到如图8.99所示的效果。

> | 提示 | 至此，主题图像已制作完成。下面制作辅助图像。

㉑ 选择"渐变填充1"，参考前面介绍的内容，继续进行绘制，得到如图8.100所示的效果，得到

图8.99 柔和边缘线

"图层3"～"图层5"，"渐变填充9"～"渐变填充14"，"形状8"和"形状9"，"Follow"、"M"、"e"、"Ding"形状图层。此时的"图层"面板如图8.101所示。

 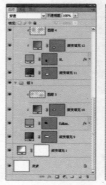 

　　　　　　图8.100 继续绘制图像　　　　　　　　　　　图8.101 "图层"面板

|提示|下面制作附在立方体形状上的透视文字效果，并使用画笔工具 ✐，制作亮点效果，完成制作。

㉒ 选择"组2"，最后结合文字工具、图层样式、画笔工具 ✐ 以及复制图层等功能，制作透视文字"Design"以及亮点效果，如图8.102所示。最终整体效果如图8.103所示，此时的"图层"面板如图8.104所示。

图8.102 制作文字及亮点效果

图8.103 最终效果

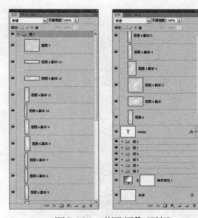

图8.104 "图层"面板

|提示|本节最终效果为随书所附光盘中的文件"第8章\8.4.psd"。

⟩技能总结 ////////////////////

● 使用钢笔工具 ✎ 绘制形状，模拟三维立体图像。

● 使用钢笔工具 ✎ 绘制路径，并结合"渐变填充"功能制作三维图像表面的渐变，以模拟其光感。

● 使用画笔工具 ✐ 绘制图像，制作高光效果。

● 多次使用"描边"、"投影"、"外发光"图层样式为图像增加立体效果。

| 第 9 章 |

其 他 设 计

9.1 手机产品表现

> 基本信息 ////////////////////////

学习难度：★★★

主要技术：绘制形状、图层样式、渐变填
充、图层蒙版

图层数量：129

通道数量：0

路径数量：5

> 设计解析 //////////////////////////////////////

本例是以手机为主题的广告设计作品。在制作的过程中，主要以处理机身、功能键以及键盘为核心内容。蓝色的底图与大海一样气度非凡，具有让男人心动的魅力——这就是设计师在设计本广告时的创意点，以衬托该手机功能强大、男人独享的特性。

> 设计流程解析 //////////////////////////////////

用图9.1所示的流程图对制作过程进行了示意，并在下面分别解析各个制作步骤。

　(a) 机身　　　　　　　　　(b) 屏幕与功能键　　　　　　　(c) 键盘及其他

图9.1 设计流程示意图

| 机身 |

机身的绘制涉及手机整体的造型、色彩搭配等多个方面，因此在Photoshop中制作之前，就应该对各部分的尺寸有一定的规划。

在本例中，制作机身的轮廓时，主要是使用图形绘制功能，定义出各部分的基本形状，然后使用图层样式功能增加其立体感，包括其边缘的金属感。

| 屏幕与功能键 |

屏幕区域的制作通常比较简单，如果是出于美观方面的考虑，可以在其中放置一些漂亮的图片；如果是要展示功能使用，则可以摆放一张手机操作界面图。另外，注意屏幕应在机身上略做一些凹陷的效果——当然，在正面视图时，这种凹陷的幅度会显得很小。

　　根据不同的设定，功能键主要包括了拨打电话、挂断电话、开始菜单、返回以及OK按钮等键位，在制作时应从人体工程学角度，考虑键位使用的舒适程度等，进而合理地安排它们的位置、大小及图标等属性。在制作过程中，除了通过图形来确定各按钮的造型外，自然少不了使用图层样式模拟立体感及内部阴影等效果。

| 键盘及其他 |

　　本例设计的手机屏幕较小，主要原因就是将空间留给下面的键盘区域。与其他常见的手机键盘不同的是，本例的手机键盘是按照电脑键盘的形式设计的，因此涉及的按键较多，在设计时尤其要注意保持各按键之间的独立和易操作性。

　　至于侧面按钮、品牌图标、听筒等元素，都属于手机中必备的元素，但其制作方法非常简单，在制作时注意将各方面因素及形态都考虑周全即可。

〉操作步骤 //

① 打开随书所附光盘中的文件"第9章\9.1-素材1.psd"，如图9.2所示，将其作为本例的背景图像，同时得到组"背景"。

> | 提示 | 本步骤笔者是以组的形式给出素材的，由于并非本例介绍的重点，读者可以参考最终效果源文件进行参数设置，展开组即可观看到操作的过程。下面制作机身图像。

② 切换至"路径"面板，新建"路径1"。选择圆角矩形工具 ▢ ，在其工具选项条上单击路径按钮 ▨ ，并设置"半径"数值为105px，在中心图像上绘制如图9.3所示的路径。

图9.2 素材图像　　　　　　　　　　图9.3 绘制圆角矩形路径

③ 切换回"图层"面板。单击创建新的填充或调整图层按钮 ◑ ，在弹出的菜单中选择"渐变"命令，设置弹出的对话框（如图9.4所示），单击"确定"按钮退出对话框，隐藏路径后的效果如图9.5所示，同时得到图层"渐变填充1"。

> | 提示 | 在"渐变填充"对话框中，渐变类型的各色标颜色值从左至右分别为222222、1f1f1f和000000。

④ 显示"路径1"，按Ctrl+T键调出自由变换控制框，按Alt+Shift键向外拖动右上角的控制句柄以等比例放大路径，并向下移动稍许，按Enter键确认操作，得到的效果如图9.6所示。

图9.4 "渐变填充"对话框

图9.5 应用"渐变填充"后的效果

图9.6 调整路径

⑤ 切换回"图层"面板，选择组"背景"，单击创建新的填充或调整图层按钮 ，在弹出的菜单中选择"纯色"命令，然后在弹出的"拾取实色"对话框中设置其颜色值为303030，单击"确定"按钮退出对话框，隐藏路径后的效果如图9.7所示，同时得到图层"颜色填充1"。

⑥ 打开随书所附光盘中的文件"第9章\9.1-素材2.asl"，选择"窗口"→"样式"命令，以显示"样式"面板，选择刚打开的样式（通常在面板中最后一个）为"颜色填充1"应用样式，此时图像效果如图9.8所示。

⑦ 设置"颜色填充1"的混合模式为"叠加"，以混合图像，得到的效果如图9.9所示。按Alt键将"颜色填充1"拖至其下方得到"颜色填充1副本"，双击副本图层缩览图，在弹出的对话框中设置颜色值为f9f1f1，并更改当前图层的混合模式为"正常"，得到的效果如图9.10所示。

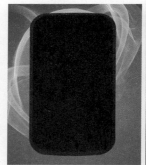

图9.7 填充后的效果

图9.8 应用图层样式后的效果

图9.9 设置混合模式后的效果

图9.10 复制、更改颜色以及属性后的效果

⑧ 删除"描边"图层样式，然后双击"斜面和浮雕"图层名称，设置弹出的对话框如图9.11所示，得到如图9.12所示的效果。

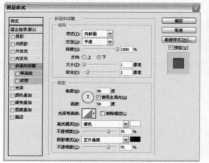

图9.11 "斜面和浮雕"对话框

图9.12 更改图层样式后的效果

▶ |提示| 下面结合路径、渐变填充以及"投影"图层样式制作机身下方的机壳。

⑨ 选择"渐变填充1"，选择钢笔工具 ，在工具选项条上单击路径按钮 ，在手机下方绘制如图9.13所示路径，按照第③步的操作方法，创建"渐变填充"图层，得到如图9.14所示的效果。

图9.13 在手机下方绘制路径　　　　　图9.14 应用"渐变填充"后的效果

▶ |提示| 在"渐变填充"对话框中，渐变类型为"从000000到515151"。

⑩ 单击添加图层样式按钮 fx ，在弹出的菜单中选择"投影"命令，设置弹出的对话框（如图9.15所示），得到的效果如图9.16所示。此时的"图层"面板如图9.17所示。

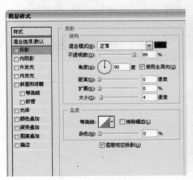

图9.15 "投影"对话框　　　　图9.16 制作投影效果　　　　图9.17 "图层"面板

▶ |提示| 本步骤中为了方便图层的管理，在此将制作机身的图层选中，按Ctrl+G键执行"图层编组"操作得到"组1"，并将其重命名为"机身"。在下面的操作中，笔者也对各部分进行了编组的操作，在步骤中不再叙述。下面制作手机屏幕。

⑪ 打开随书所附光盘中的文件"第9章\9.1-素材3.psd"，按Shift键使用移动工具 将其拖至上一步制作的文件中，得到的效果如图9.18所示，同时得到组"屏幕"。

▶ |提示| 下面结合路径、渐变填充、图层样式以及形状工具等功能，制作手机功能键。

⑫ 选择钢笔工具 ，在工具选项条上单击路径按钮 ，在屏幕的下方绘制如图9.19所示的路径。然后在钢笔工具 选项条中单击矩形工具按钮 ，以及从路径区域减去按钮 ，在刚刚绘制的路径的两侧绘制两条矩形路径，如图9.20所示。

图9.18 拖入素材图像

图9.19 绘制矩形路径

图9.20 继续绘制路径

⑬ 单击创建新的填充或调整图层按钮 ，在弹出的菜单中选择"渐变"命令，设置弹出的对话框（如图9.21所示），得到如图9.22所示的效果，同时得到图层"渐变填充3"。

图9.21 "渐变填充"对话框

图9.22 应用"渐变填充"后的效果

▶ |提示| 在"渐变填充"对话框中，渐变类型为"从232323到1d1d1d"。

⑭ 按照第⑥步的操作方法，打开随书所附光盘中的文件"第9章\9.1-素材4.asl"并为"渐变填充3"应用样式，得到的效果如图9.23所示。

⑮ 按照第⑫~⑭步的操作方法，结合路径、渐变填充以及图层样式的功能，制作圆形功能键图像，如图9.24所示，同时得到"渐变填充4"。

图9.23 应用图层样式后的效果

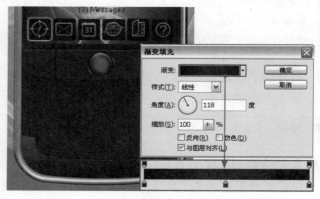

图9.24 制作中心圆图像

| 提示 | 在"渐变填充"对话框中，渐变类型的各色标颜色值从左至右分别为000000、2e2e2e和141414。另外，本步骤应用的样式为随书所附光盘中的文件"第9章\9.1-素材5.asl"。

⑯ 设置前景色的颜色值为白色，选择椭圆工具 ⬭，在工具选项条上单击形状图层按钮

▢，在中心圆上绘制如图9.25所示的形状，得到"形状1"。按照第 ⑥ 步的操作方法，打开随书所附光盘中的文件"第9章\9.1-素材6.asl"并为"形状1"应用样式，得到的效果如图9.26所示。

图9.25 绘制圆形形状　　　　图9.26 应用图层样式后的效果

⑰ 根据前面所介绍的操作方法，结合形状工具、图层样式、路径、渐变填充以及素材图像等，完善功能键中的中心圆、功能键上方的横条以及功能键上的图标，如图9.27所示。此时的"图层"面板如图9.28所示。

 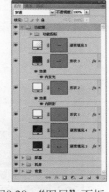

图9.27 完善图像　　　　　　图9.28 "图层"面板

| 提示 | 本步骤所应用到的素材图像为随书所附光盘中的文件"第9章\9.1-素材7.psd"，关于图层样式以及"渐变填充"对话框中的参数设置请参考最终效果源文件。在下面的操作中会多次应用到图层样式以及渐变填充的功能，笔者不再做相关参数的提示。另外，还设置了"渐变填充5"的不透明度为55%。下面制作键盘。

⑱ 选择钢笔工具 ⬧，在工具选项条上单击路径按钮 ▨，在功能键的下方绘制如图9.29所示的路径，收拢组"功能键"，新建"图层1"，设置前景色为白色，选择画笔工具 ✎，并在其工具选项条中设置画笔为"尖角4像素"，不透明度为100%。切换至"路径"面板，单击用画笔描边路径命令按钮 ⬭，隐藏路径后的效果如图9.30所示。切换回"图层"面板。

图9.29 在功能键下方绘制路径　　　　图9.30 描边效果

⑲ 单击添加图层蒙版按钮  为"图层1"添加蒙版，设置前景色为黑色，选择画笔工具 ✐，在其工具选项条中设置适当的画笔大小及不透明度，在图层蒙版中进行涂抹，以将两端的图像隐藏起来，直至得到如图9.31所示的效果，此时蒙版中的状态如图9.32所示。

图9.31 隐藏两端的图像

图9.32 蒙版中的状态

> **提示** 用画笔在涂抹蒙版时，如果遇到较直的区域可以配合Shift键进行涂抹这样可以涂抹出很直的直线，方法是在一端单击，然后将鼠标移动另一处按Shift键单击即可。

⑳ 结合路径、渐变填充、图层样式、图层属性以及复制图层等功能，制作数字键盘，如图9.33所示。如图9.34所示为单独显示上一步至本步的图像状态。此时的"图层"面板如图9.35所示。

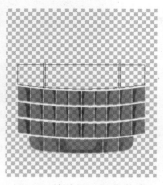

图9.33 制作数字键盘

图9.34 单独显示图像状态

图9.35 "图层"面板

> **提示** 本步骤中为每一个图层都设置了不同的透明度，具体的参数设置请参考最终效果源文件。下面利用素材图像制作侧按钮、上方的附件、键盘文字以及标识图像。

㉑ 收拢组"键盘"，打开随书所附光盘中的文件"第9章\9.1-素材8.psd"，按Shift键使用移动工具 ⊕ 将其拖至上一步制作的文件中，并将组"侧按钮"拖至组"机身"的下方，得到的效果如图9.36所示。同时得到另外3个组"上附件"、"键盘文字"以及"标识"。

> **提示** 下面结合形状工具、图层属性以及图层蒙版的功能，制作手机右侧的光感效果。

㉒ 选择最上面的组"标识"，选择钢笔工具 ♦，在工具选项条上单击形状图层按钮 □，在手机的右侧绘制如图9.37所示的形状，得到"形状4"。设置此图层的不透明度为45%，以降低图像的透明度，得到的效果如图9.38所示。

㉓ 单击添加图层蒙版按钮 🔲 为"形状4"添加蒙版，设置前景色为黑色，选择画笔工具
🖊，在其工具选项条中设置适当的画笔大小及不透明度，在图层蒙版中进行涂抹，以将
左侧的部分隐藏起来，直至得到如图9.39所示的效果。

图9.36 拖入素材图像

图9.37 绘制白色形状

图9.38 设置不透明度
后的效果

图9.39 隐藏左侧的部
分图像

㉔ 最后结合盖印、图层蒙版以及调整图层等功能，制作手机的倒影效果，如图9.40所示。
此时的"图层"面板如图9.41所示。最终整体效果如图9.42所示。

图9.40 制作倒影

图9.41 "图层"面板

图9.42 最终效果

▶ |提示1| 选中需要盖印的图层，按Ctrl+Alt+E键即可执行"盖印"的操作。

▶ |提示2| 本节最终效果为随书所附光盘中的文件"第9章\9.1.psd"。

> 技能总结 //

● 结合路径以及渐变填充图层的功能制作图像的渐变效果。
● 利用添加图层样式的功能制作图像的立体、描边等效果。
● 通过设置图层属性以混合图像。
● 使用形状工具绘制形状。
● 利用图层蒙版功能隐藏不需要的图像。
● 结合路径及用画笔描边路径的功能，为所绘制的路径进行描边。

9.2 企业VI系统立体效果表现

> 基本信息

学习难度： ★★★

主要技术： 绘制渐变、图层蒙版、剪贴蒙版、绘制路径、变换

图层数量： 60

通道数量： 0

路径数量： 0

> 设计解析

　　VI系统的立体效果表现并非VI设计中的必要一环，但却被大多数设计师们所使用，原因就在于，立体效果可以让设计好的VI元素更贴近于现实状态，在设计上也更具有说服力。

　　本例是为企业VI系统制作立体效果，读者在学习过程中，应注意对手册、纸张及光盘等典型元素的立体效果表现手法，以便于在以后的工作过程中，制作类似元素的立体效果。

> 设计流程解析

　　用图9.43所示的流程图对制作过程进行了示意，并在下面分别解析各个制作步骤。

（a）手册　　　　　　　（b）单页纸　　　　　　　（c）其他

图9.43 企业VI系统立体效果表现设计流程示意图

| 手册 |

这是本例要重点表现的立体效果。

　　在此基础上，很多图书、宣传册等类型的作品，也可以用此处的方法表现其立体效果。当然，如果是带有书脊的对象，应该注意增加对于书脊立体效果的表现。

| 单页纸 |

　　单页纸的立体效果是比较难于模拟的，主要原因就在于，很难为其添加一个合理的造型。在本例中，选择了让纸靠于手册旁边，而自然产生弯曲的感觉。在制作过程中，"变形"功能起到了非常大的作用，包括纸上的文字等内容，也都是使用该功能调整其形态，使之与纸的变形相匹配。

当前，如果读者只是想对某一页的内容做立体效果，可以直接对整张纸进行变形，以保证整个页面中的内容都具有相同的变形效果。

| 其他 |

在制作其他元素的立体效果时，其操作方法相对比较简单，只需要使用变换功能调整适当的透视角度，使之与整体的透视关系相匹配即可。

〉操作步骤

① 按Ctrl+N键新建一个文件，设置弹出的对话框（如图9.44所示），单击"确定"按钮退出对话框，以创建一个新的空白文件。

② 选择渐变工具 ，并在其工具选项条中选择径向渐变工具 ，单击渐变显示框，在弹出的"渐变编辑器"对话框中设置渐变类型为"从cd0212到890000"。从画布的中心至边缘绘制渐变，得到的效果如图9.45所示。

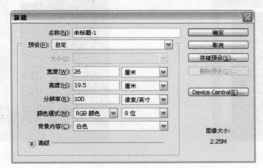

图9.44 "新建"对话框   图9.45 渐变效果

> | 提示 | 至此，背景中的渐变效果已制作完成。下面制作主题手册图像。

③ 设置前景色的颜色值为白色，选择矩形工具 ，在工具选项条上单击形状图层按钮 ，在画布的左侧绘制如图9.46所示的形状，得到"形状1"。

④ 单击"形状1"矢量蒙版缩览图使其处于未选中的状态，设置前景色的颜色值为黑色，选择钢笔工具 ，在工具选项条上单击形状图层按钮 ，在白色图形的上面绘制黑色图形，如图9.47所示，同时得到"形状2"。

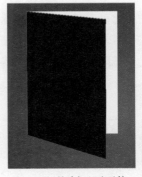

图9.46 绘制背面形状   图9.47 绘制正面形状

| **提示** | 完成一个形状后，如果想继续绘制另外一个不同颜色的形状，必须要确认前一形状的矢量蒙版缩览图处于未选中的状态。

⑤ 制作厚度。按照上一步的操作方法，选择"形状1"作为当前的工作层，更改前景色为ab2519，应用钢笔工具 ◊，在黑色图形的右上方绘制如图9.48所示的形状，得到"形状3"。

⑥ 选择"形状2"作为当前的工作层，更改前景色为a6a6a6，选择直线工具 ＼，在工具选项条上单击形状图层按钮 ▣，设置"粗细"为1px，沿着红色图形的上方绘制直线，然后在工具选项条中单击添加到形状区域按钮 ▣，垂直绘制一条直线，如图9.49所示，同时得到"形状4"。

| **提示** | 下面结合形状工具以及模糊工具制作手册的投影效果。

⑦ 选择"形状1"作为当前的工作层，更改前景色为黑色，应用钢笔工具 ◊，在黑色图形下方绘制如图9.50所示的形状，得到"形状5"。

图9.48 在右上方绘制形状

图9.49 绘制线条

图9.50 绘制黑色形状

⑧ 选择"滤镜"→"模糊"→"高斯模糊"命令，在弹出的提示框中直接单击"确定"按钮退出提示框，然后在弹出的对话框中设置"半径"数值为2.5，得到如图9.51所示的效果。设置"形状5"的不透明度为50%，以降低图像的透明度。

⑨ 单击添加图层蒙版按钮 ▣ 为"形状5"添加蒙版，设置前景色为黑色，选择画笔工具 ✐，在其工具选项条中设置适当的画笔大小及不透明度，在图层蒙版中进行涂抹，以将手册左下方的投影效果隐藏起来，直至得到如图9.52所示的效果。此时的"图层"面板如图9.53所示。

图9.51 模糊后的效果

图9.52 隐藏手册左下方的投影效果

图9.53 "图层"面板

| **提示** | 本步骤中为了方便图层的管理，在此将制作手册的图层选中，按Ctrl+G键执行"图层编组"操作得到"组1"，并将其重命名为"书"。在下面的操作中，笔者也对各部分进行了编组的操作，在步骤中不再叙述。下面制作手册正面中的标志图像。

⑩ 选择组"书"，设置前景色值为ba453c，应用钢笔工具 ，在手册正面中绘制如图9.54所示的形状，得到"形状6"。更改前景色值为911e1b，重复本步骤的操作，在刚刚绘制的图形的下方绘制如图9.55所示形状，得到"形状7"。按Ctrl+Alt+G键执行"创建剪贴蒙版"操作，得到的效果如图9.56所示。

图9.54 绘制手册正面中的形状　　图9.55 继续绘制形状2　　图9.56 执行"创建剪贴蒙版"后的效果

⑪ 选择椭圆工具 ，在工具选项条上单击路径按钮 ，在手册正面中绘制如图9.57所示路径。选择组"书"，单击创建新的填充或调整图层按钮 ，在弹出的菜单中选择"渐变"命令，设置弹出的对话框（如图9.58所示），单击"确定"按钮退出对话框，隐藏路径后的效果如图9.59所示，同时得到图层"渐变填充1"。

图9.57 绘制圆形路径　　　　　　图9.58 "渐变填充"对话框　　　　　图9.59 应用"渐变填充"后的效果

▶ |提示| 在"渐变填充"对话框中，渐变类型为"从f6d9a0到透明"。

⑫ 设置"渐变填充1"的不透明度为40%，以降低图像的透明度。按Alt键将"形状6"拖至其下方得到"形状6副本"，双击其图层缩览图，在弹出的对话框中设置颜色值为691515，并移动工具 调整图像的位置，以制作标志的立体感，如图9.60所示。

⑬ 单击添加图层蒙版按钮 为"形状6副本"添加蒙版，设置前景色为黑色，选择画笔工具 ，在其工具选项条中设置适当的画笔大小及不透明度，在图层蒙版中进行涂抹，以将上方的部分图像隐藏起来，直至得到如图9.61所示的效果。

图9.60 制作立体效果　　　　图9.61 隐藏上方的部分图像

⑭ 选择"渐变填充1"作为当前的工作层，按照第⑦~⑧步的操作方法，结合形状工具以及"高斯模糊"命令制作标志的投影效果，如图9.62所示，同时得到"形状8"。此时的"图层"面板如图9.63所示。

> | 提示 | 本步骤设置了"高斯模糊"对话框中的"半径"数值为2.5；另外，设置了"形状8"的不透明度为60%。下面制作文字图像。

⑮ 选择横排文字工具，设置前景色的颜色值为白色，并在其工具选项条上设置适当的字体和字号，在标志的下方输入文字"GIZ"和"we can riena you "，并得到相应的文字图层。

⑯ 按Ctrl+T键调出自由变换控制框，顺时针旋转文字的角度及移动位置，按Enter键确认操作，得到的效果如图9.64所示。此时的"图层"面板如图9.65所示。

图9.62 制作投影效果

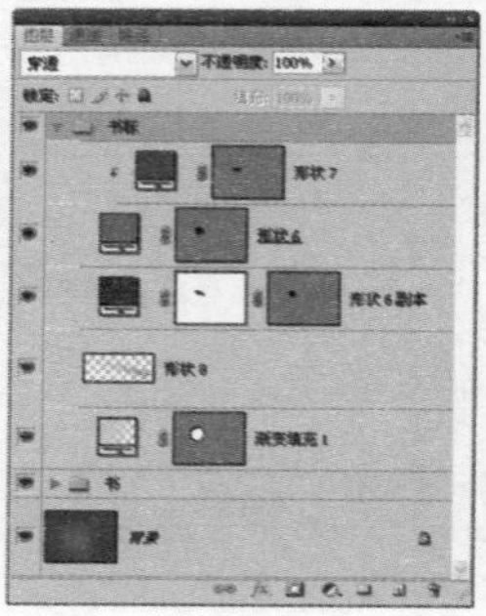

图9.63 "图层"面板

图9.64 制作文字图像

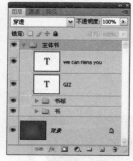
图9.65 "图层"面板

> | 提示 | 至此，手册图像已制作完成。下面制作LOGO明信片。

⑰ 打开随书所附光盘中的文件"第9章\9.2-素材1.psd"，按Shift键使用移动工具 将其拖至上一步制作的文件中，得到的效果如图9.66所示，同时得到组"LOGO明信片"。

> | 提示 | 本步骤笔者是以组的形式给出素材的，由于并非本例介绍的重点，读者可以参考最终效果源文件进行参数设置，展开组即可观看到操作的过程。下面制作弯曲的纸。

⑱ 选择组"主体书"，应用钢笔工具 在手册的右下方绘制如图9.67所示的白色纸形状，得到"形状9"。单击添加图层样式按钮 ，在弹出的菜单中选择"投影"命令，设置弹出的对话框（如图9.68所示），得到如图9.69所示的效果。

图9.66 拖入素材图像

图9.67 绘制白纸形状

图9.68 "投影"对话框

图9.69 制作投影效果

⑲ 按照第⑩步的操作方法，设置前景色值为b2241a，应用钢笔工具 ✍ 在纸的上方绘制形状，按Ctrl+Alt+G键执行"创建剪贴蒙版"操作，隐藏路径后的效果如图9.70所示，同时得到"形状10"。

⑳ 新建"图层1"，设置前景色值为ba453c，按Ctrl键单击"形状6"矢量蒙版缩览图以载入其选区，按Alt+Delete键填充前景色，按Ctrl+D键取消选区。应用自由变换控制框调整图像的大小、角度及位置（白纸的左上角），如图9.71所示。

㉑ 复制文字图层"GIZ"得到"GIZ 副本"，将其拖至"图层1"上方，设置前景色值为888888，按Alt+Delete键填充前景色以改变文字的颜色，应用自由变换控制框调整图像的大小、角度及位置（标志的下方），如图9.72所示。

图9.70 制作白纸上方的红色图形　　　　图9.71 制作小标志　　　　图9.72 复制及调整文字

㉒ 选择横排文字工具，设置前景色的颜色值为黑色，并在其工具选项条上设置适当的字体和字号，在白纸中随意输入几行文字，并得到相应的文字图层。

㉓ 在上一步得到的文字图层名称上单击右键，在弹出的菜单中选择"转换为智能对象"命令，从而将其转换成为智能对象图层。在后面将对该图层中的图像进行变形操作，而智能对象图层则可以记录下所有的变形参数，以便于我们进行反复的调整。

㉔ 按Ctrl+T键调出自由变换控制框，在控制框内单击右键在弹出的菜单中选择"变形"命令，在控制区域内拖动使图像变形，状态如图9.73所示，按Enter键确认操作。

㉕ 应用横排文字工具在白纸中输入其他文字，如图9.74所示。此时的"图层"面板如图9.75所示。

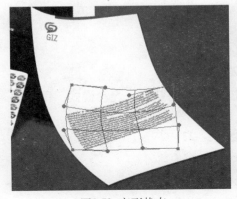

图9.73 变形状态　　　　　　　图9.74 输入其他文字　　　　图9.75 "图层"面板

> |提示| 至此，弯曲的纸已制作完成。下面制作其他纸、光碟以及信封图像。

㉖ 选择"背景"图层作为当前的工作层，打开随书所附光盘中的文件"第9章\9.2-素材2.psd"，按Shift键使用移动工具 ▶︎⊕ 将其拖至上一步制作的文件中，并将组"信封2"拖至组"弯曲的纸"的上方，得到的最终效果如图9.76所示。此时的"图层"面板如图9.77所示。

图9.76 最终效果

图9.77 "图层"面板

> |提示| 本节最终效果为随书所附光盘中的文件"第9章\9.2.psd"。

▶技能总结

- 应用渐变工具绘制渐变。
- 使用形状工具绘制形状。
- 应用"高斯模糊"命令制作图像的模糊效果。
- 通过设置图层属性以混合图像。
- 利用图层蒙版功能隐藏不需要的图像。
- 利用剪贴蒙版功能限制图像的显示范围。
- 应用"变形"命令使图像变形。

9.3 凤园茶宣传设计

▶基本信息

学习难度： ★★

主要技术： 剪贴蒙版、混合模式、图层蒙版、绘制路径、调色

图层数量： 22

通道数量： 0

路径数量： 1

设计解析 //

本例是以凤园茶为主题的宣传设计作品。在制作的过程中，主要以处理画布上、下方的花纹以及茶树图像为核心内容。浅黄的底图配以绿幽幽的茶树，在色泽上说明凤园茶工艺精湛、色秀形美、名冠远近，以达到宣传的目的。

设计流程解析 ///////////////////////////////////

用图9.78所示的流程图对制作过程进行了示意，并在下面分别解析各个制作步骤。

| (a) 背景 | (b) 茶树 | (c) 文字 |

图9.78 凤园茶宣传设计流程示意图

|背景|_____

本例的背景较为简洁，主要是以一幅背景纹理为基础，结合Photoshop中的图层蒙版、混合模式及调整图层等功能，融合了一幅中国古典图形。

|茶树|_____

茶树是本宣传册的主体图像，用以体现茶叶在采摘前的清新与自然，另外，在茶的周围还摆放了一些水墨图像，以突出整体的中国古典气息，给人一种历史悠久、源远流长的视觉感受。

|文字|_____

文字是宣传册中必不可少的内容，而且经常带有大段的阅读性文字，所以在编排时，切忌为了画面的美观而采用一些特殊的字体，以导致阅读困难的情况出现。

操作步骤 ///////////////////////////////////////

① 打开随书所附光盘中的文件"第9章\9.3-素材1.psd"，如图9.79所示，将其作为本例的背景图像。

> |提示|下面利用素材图像，结合选区、图层蒙版以及混合模式等功能制作花纹图像。

② 打开随书所附光盘中的文件"第9章\9.3-素材2.psd"，使用移动工具 将其拖至上一步打开的文件中，得到"图层1"。按Ctrl+T键调出自由变换控制框，按Shift键向内拖动控制句柄以缩小图像及移动位置，按Enter键确认操作，得到的效果如图9.80所示。

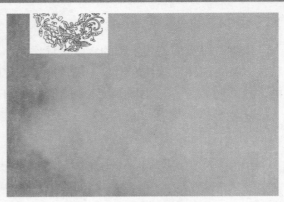

图9.79 打开素材图像　　　　　　　　　　　　　　图9.80 调整素材图像

③ 选择魔棒工具 ✎，并在其工具选项条中设置"容差"为10，并确认"连续"选项未选中，在上一步得到的图像的白色区域单击以创建选区，按Alt键单击添加图层蒙版按钮 ▣ 为"图层1"添加蒙版，得到的效果如图9.81所示。

④ 单击创建新的填充或调整图层按钮 ◑ ，在弹出的菜单中选择"色相/饱和度"命令，得到图层"色相/饱和度1"，按Ctrl+Alt+G键执行"创建剪贴蒙版"操作，设置弹出的面板（如图9.82所示），得到如图9.83所示的效果。

图9.81 隐藏白色图像　　　图9.82 "色相/饱和度"面板　　　图9.83 调色后的效果

⑤ 选中"图层1"和"色相/饱和度1"，按Ctrl+G键将选中的图层编组，得到"组1"，并将其重命名为"上花"，设置此组的混合模式为"柔光"，以混合图像，得到的效果如图9.84所示。

图9.84 设置"柔光"后的效果

| 提示 | 为了方便图层的管理，笔者在此对制作画布上方的花纹图像的图层进行编组操作，在下面的操作中，笔者也对各部分进行了编组的操作，在步骤中不再叙述。下面制作右下角的花纹图像。

⑥ 复制组"上花"得到"上花 副本",应用自由变换控制框调整图像的角度(95°左右)
　及位置(画布的右下角),如图9.85所示。更改该组的混合模式为"正片叠底",不透
　明度为65%,以混合图像,得到的效果如图9.86所示。

图9.85 复制及调整图像

图9.86 更改图层属性后的效果

⑦ 双击"色相/饱和度1"图层缩览图,设置弹出的面板(如图9.87所示),得到如图9.88所
　示的效果。此时的"图层"面板如图9.89所示。

图9.87 "色相/饱和度"面板

图9.88 调色后的效果

▶ |提示| 至此,花纹图像已制作完成。下面制作茶树图像。

⑧ 设置前景色为黑色,选择矩形工具 ▭,在工具选项条上单击形状图层按钮 ▢,在画布中
　间偏下的地方绘制线条形状,如图9.90所示,同时得到"形状1"。

图9.89 "图层"面板

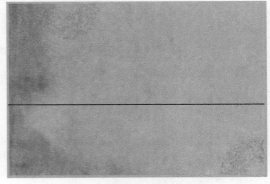
图9.90 绘制线条形状

⑨ 打开随书所附光盘中的文件"第9
章\9.3-素材3.psd",使用移动工具 ⊹
将其拖至上一步制作的文件中,得到
"图层2",将此图层拖至"形状1"
下方,利用自由变换控制框调整图像
的大小及位置,得到的效果如图9.91
所示。

图9.91 调整素材3图像

⑩ 选择钢笔工具 ♦ ,在其工具选项条上单击路径按钮 ,沿着茶树的轮廓绘制如图9.92所
示路径。按Ctrl键单击添加图层蒙版按钮 为"图层2"添加蒙版,隐藏路径后的效果
如图9.93所示。

图9.92 沿着茶树绘制路径

图9.93 隐藏茶树以外的图像

⑪ 设置"图层2"的混合图像式为"正片叠底",以混合图像,得到的效果如图9.94所示。

▶ |提示|此时,观看茶树有些偏暗,下面制作茶树的高光效果,以突显光泽感。

⑫ 新建"图层3",将其拖至"图层2"下方,按Ctrl键单击"图层2"矢量蒙版缩览图以载
入其选区,设置前景色为白色,按Alt+Delete键填充前景色,按Ctrl+D键取消选区,得到
图9.95所示的效果。

图9.94 设置"正片叠底"后的效果

图9.95 填充后的效果

⑬ 选择"滤镜"→"模糊"→"高斯模糊"命令，在弹出的对话框中设置"半径"数值为 18.6，得到如图9.96所示的效果。设置"图层3"的混合模式为30%，以降低图像的透明度，得到的效果如图9.97所示。

图9.96 模糊后的效果

图9.97 设置不透明度后的效果

▶ |提示|下面制作茶树下方的水墨茶树图像。

⑭ 按Alt键将"图层2"拖至"图层3"下方得到"图层2 副本"，在副本图层矢量蒙版上单击右键并在弹出的菜单中选择"删除矢量蒙版"命令，利用自由变换控制框调整图像的角度（旋转180°）及位置，得到的效果如图9.98所示。

⑮ 按Alt键单击添加图层蒙版按钮 ◙ 为"图层2副本"添加蒙版，设置前景色为白色，打开随书所附光盘中的文件"第9章\9.3-素材4.abr"，选择画笔工具 ✐，在画布中单击右键并在弹出的画笔显示框选择刚刚打开的画笔，在上一步得到的图像区域单击，得到的效果如图9.99所示。

图9.98 复制及调整图像的角度及位置

图9.99 隐藏右下方的部分图像

⑯ 设置前景色为黑色，在画笔工具 ✐ 选项条中设置适当的画笔大小及不透明度，在"图层2副本"图层蒙版中进行涂抹，以将内侧边缘部分图像隐藏起来，直至得到如图9.100所示的效果，此时蒙版中的状态如图9.101所示。此时的"图层"面板如图9.102所示。

图9.100 隐藏内侧部分边缘图像　　　　图9.101 蒙版中的状态　　　　图9.102 "图层"面板

> **提示** 至此，茶树图像已制作完成。下面制作文字图像，完成制作。

⑰ 选择组"茶树"，打开随书所附光盘中的文件"第9章\9.3-素材5.psd"，按Shift键使用
移动工具 ➤ 将其拖至上一步制作的文件中，得到的最终效果如图9.103所示。此时的
"图层"面板如图9.104所示。

图9.103 最终效果　　　　　　　　　图9.104 "图层"面板

> **提示1** 本步骤笔者是以组的形式给出素材的，由于其操作非常简单，在叙述上略显繁琐，
> 读者可以参考最终效果源文件进行参数设置，展开组即可观看到操作的过程。

> **提示2** 本节最终效果为随书所附光盘中的文件"第9章\9.3.psd"。

❯技能总结

● 应用魔棒工具 ✨ 创建选区。
● 应用"色相/饱和度"调整图层功能调整图像的色相及饱和度。
● 通过设置图层属性以融合图像。
● 利用图层蒙版功能隐藏不需要的图像。
● 利用剪贴蒙版功能限制图像的显示范围。
● 应用钢笔工具 ♦ 绘制路径。
● 使用形状工具绘制形状。

数码影像馆丛书

（即将推出）

风光数码摄影
专家技法

快乐生活

黄文龙/编 著

华中科技出版社

美女写真拍摄
自家秘芨

数码黑白影像
的魅力

玩转儿童数码
摄 影

黄文龙/编 著

华中科技出版社

摄友兵法丛书

《排兵布阵——构图实战兵法》
Photography Composition

在摄影中，构图是非常重要的一环，但很多摄影者并不明白构图的精髓，所以拍出的照片总留遗憾，甚至电脑后期处理也依然无法解决问题。本书列举大量，全面分析摄影构图的组成，从空间划分、突出主题、与光线和光圈的互动、形状与构图等方面详细说明构图对最终成像的意义，以帮助摄影初学者牢固掌握构图方法。

《不仅仅说"茄子"——数码人像摄影》
Digital Portrait

人像摄影是所有摄影类型中最难掌握的一种。被拍摄者的姿态、情绪、状态、与摄影师的互动状况、外部光线等等都会影响到最终的拍摄结果。要想拍好人像，必须系统掌握多方面的知识。本书从实例着手，就人体姿态、表情、动作以及拍摄面的选择做了系统说明，对特写、肖像、室内人像以及夜景人像的拍摄也有详细介绍，而较为特殊的婚纱摄影和儿童摄影知识可以让摄影爱好者品尝到"艺术摄影"的乐趣。

《行行色色——旅行摄影手册》
Travel Photography

随着数码相机的普及，几乎所有旅游者都会随身携带一部数码相机，旅游摄影成了我们常见的情景。但并非所有人都能拍出自己想要的照片，其中，摄影知识和摄影经验的缺失是主要的因素。虽然普通摄影爱好者并不需要掌握太复杂的旅行摄影技巧，但还是有必要了解一些基本摄影知识。本书涵盖了旅游摄影方方面面需要掌握的知识，内容简单易懂，对于喜爱旅行的摄影爱好者有很大的帮助。

《Digital视界——摄影快车道》
Digital Photography

本书全面讲述摄影的各种方法及技巧。前半部分偏重于摄影爱好者必须掌握的基本摄影知识，各种数码相机的基本原理、拍摄模式。每一章都会由照片引入内容，从分析照片入手，帮助用户理解照片的拍摄思路，加深对基础摄影知识的理解。后半部分介绍分类摄影知识的高级技巧，以帮助摄影初学者学以致用，掌握不同类型和不同环境下照片的拍摄方法。